AF363729

Collationné, Complet.

LOIX

NATURELLES

DE

L'AGRICULTURE.

LOIX

NATURELLES

DE

L'AGRICULTURE

ET DE

L'ORDRE SOCIAL.

Par M. DE BUTRÉ

Des Sociétés royales d'Agriculture de Paris,
d'Orléans & de Tours.

A NEUCHATEL,

De l'Imprimerie de la Société Typographique.

M. DCC. LXXXI.

LOIX

NATURELLES

DE L'AGRICULTURE.

PREMIERE PARTIE.

Des avances néceſſaires à la culture, & de la diſtribution de ſes produits.

Les loix naturelles de l'agriculture ne ſont que les loix phyſiques de la re-production des ſubſiſtances, & celles de leur diſtribution dans les claſſes ſociales ; ce qui fait voir clairement la néceſſité de faire l'analyſe exacte des avances, des travaux & des produits de la culture, & de ſuivre la diſtribu-

A

tion réguliere de ces produits, fuivant qu'elle eft prefcrite par les loix invariables de l'ordre naturel ; afin de con* noître les regles effentielles auxquelles les fociétés agricoles doivent fe conformer pour parvenir à leur plus grand avantage, qui eft la plus abondante production poffible.

C'eft donc dans une ferme bien montée qu'on peut s'inftruire des moyens que la nature donne pour former de riches établiffemens agricoles, & par là conftituer des nations opulentes, & apprendre les opérations que doivent fuivre les gouvernemens pour en affurer les fuccès.

C'eft là qu'on apprend que la terre ne donne de grands produits que par de grandes dépenfes préparatoires, & que ce n'eft que par ces dépenfes qu'on obtient des moiffons abondantes.

Les richeffes néceffaires pour former de grandes entreprifes de culture, fans quoi il ne peut exifter aucune fociété confidérable, font ordinairement défignées par leurs divers emplois, ce qui les a fait diftribuer en trois claffes ; favoir :

Avances foncieres.
Avances primitives.
Avances annuelles.

Les *avances foncieres* font toutes les dépenfes faites par les propriétaires des biens fonds, pour préparer le fol à recevoir la culture, & conferver fes productions ; elles confiftent dans la conftruction des bâtimens néceffaires pour loger les cultivateurs, les chevaux, bœufs, vaches, moutons, & autres animaux de toutes efpeces, les machines & inftrumens fervant à la culture ; les grains, pailles & fourrages qu'elle produit ; dans le défrichement des terres, la plantation des arbres fruitiers, les clôtures, les foffés, le marnage & autres dépenfes préparatoires à l'exploitation.

Ces avances font plus ou moins difpendieufes fuivant la nature du fol & du climat : mais ordinairement la dépenfe de ces bâtimens bien complets & folidement conftruits, forme environ le fonds du capital de l'achat d'une ferme ; ainfi le revenu qu'elle rend au propriétaire n'eft à peu près que l'intérêt de ce premier fonds de dépenſes, ſans lequel les terres ne pourroient être cultivées.

Les *avances primitives*, néceſſaires pour l'établiſſement des travaux de la culture, & qu'on appelle par cette raiſon *richeſſes d'exploitation*, ſont les premieres dépenſes que les entrepreneurs de culture, ſoit propriétaires ou fermiers, doivent faire pour l'achat des bêtes de ſomme & des animaux de profit, des inſtrumens aratoires, meubles & uſtenſiles de ménage, & pour les gages des domeſtiques & autres ſalariés, leur nourriture, celle de l'entrepreneur de culture & de ſa famille juſqu'à la premiere récolte qui doit ſuivre les travaux & dépenſes néceſſaires pour l'obtenir : à quoi il faut ajouter, dans une riche culture, la nourriture des chevaux de labour pendant vingt-un mois avant la premiere récolte, parce que ce n'eſt qu'à ce terme qu'on jouit des premieres productions.

Les *avances annuelles* conſiſtent dans les dépenſes qui ſe renouvellent tous les ans pour la nourriture des animaux de labour, les gages des domeſ-

(5)

tiques, leur nourriture, les falaires
des journaliers colons employés pour
les labours, pour farcler les grains,
pour les garder avant la moiſſon, pour
faire les récoltes, les ferrer, les battre,
les conferver, & pour l'entretien de
l'établiſſement primitif de l'exploitation, réparation des harnois, inſtrumens de labourage, & autres dépenſes
occaſionnées par les accidens auxquels
la culture eſt expoſée.

Il eſt inutile de vouloir ſe former la
moindre idée des revenus d'une nation,
ſi on n'eſt pas parfaitement inſtruit des
avances foncieres, primitives & annuelles. Comme ces avances doivent
précéder toute production de la culture, qu'elles doivent être entretenues
& perpétuées pour ſoutenir les travaux
auxquels les hommes ont été aſſujet-
tis pour ſe procurer leurs beſoins indifpenfables, il eſt donc néceſſaire de
prendre ſur les produits que ces dépenſes ont occaſionnés, de quoi fournir à leur entretien continuel & permanent.

Pour faire ce prélevement indifpenfable, il eſt eſſentiel de connoître la

nature & la destination de ces primitives dépenses ; ce qui montre leurs diverses influences sur la reproduction, & le plus ou moins d'entretien que chacune exige.

Car il est évident que si on met dans une classe d'avances, des parties d'une autre classe qui demande plus d'entretien annuel, on ne rend pas alors à la culture toutes les dépenses qu'elle exige : ce qui restreint ses produits, & amene toutes les suites funestes de la suppression des subsistances.

Pour manifester ces utiles vérités, je vais présenter un détail très-circonstancié de toutes les dépenses d'exploitation d'une grande ferme de France, telle qu'elle a été montée par un riche fermier. On y verra un état détaillé des différentes avances qu'il a faites, & des produits qu'il en a tirés depuis long-tems.

De la grande culture.

La *grande culture* est celle qui se fait par de riches entrepreneurs de culture, qui ont des fonds considérables pour en soutenir les premieres avances. Elle

s'exécute ordinairement avec des chevaux de prix, & suppose de grandes
avances foncieres, sans quoi elle ne
pourroit être établie.

Ces entrepreneurs donnent annuellement un revenu fixe des terres
pour avoir droit de les cultiver à leur
profit, & se chargent de toutes les dépenses de la culture, sur lesquelles ils
n'épargnent rien : ils ont beaucoup de
bestiaux, de nombreux troupeaux ; ils
avancent les semences, font faire les
récoltes, ont des domestiques instruits
pour l'exécution des travaux préparatoires des terres, & avoir soin des troupeaux & des bestiaux.

Ces maîtres dirigent & conduisent
toutes les opérations de la culture,
comme un riche négociant & un
grand entrepreneur de fabriques dirigent, l'un son négoce, & l'autre ses
manufactures.

C'est donc ce fonds constant de
richesses mobiliaires, employées avec
intelligence dans les grandes entreprises d'agriculture par cette classe pré-
cieuse d'hommes versés dans toutes
les connoissances de l'économie rurale,

& affurant conftamment des revenus aux propriétaires, qui caractérife bien diftinctement la grande culture. L'exemple fuivant achevera de mettre ceci en évidence, & de faire connoître la nature & la deftination des différentes avances.

Etat des trois fortes d'avances néceffaires pour l'emploi de trois charrues qui cultivent trois cents vingt arpens divifés en trois fols, dont cent arpens en froment, cent arpens en avoine, & cent arpens en jachere, avec vingt arpens en luzerne.

Des cent arpens en jachere on en met ordinairement cinquante arpens en vefce & pois gris pour la nourriture des beftiaux, cela s'appelle deffoler les terres : ce qui n'eft pratiqué que par de très-riches & habiles cultivateurs.

AVANCES FONCIERES.

Granges.

Comme le produit, par une bonne culture, peut-être de cinquante mille gerbes, favoir, trente à trente-cinq mille gerbes de froment, & quinze mille d'avoine : il faut quatre granges chacune de dix travées, & chaque travée de douze pieds, ce qui fait cent vingt pieds de longueur ; la largeur eſt ordinairement de vingt – quatre pieds, autant pour la hauteur des murs, & douze pieds pour celle de la charpente, ce qui fait trente-ſix pieds de haut depuis le ſol juſqu'au faîte.

Ces quatre granges coûtent chacune environ . . . . . 6000 liv.

L'une ſert à ſerrer les fourrages, & les trois autres pour les grains.

Écuries.

Il en faut deux, une pour douze chevaux, qui aura au moins quarante-deux pieds de long & ſeize pieds de large, avec dix pieds de haut : pour avoir des greniers commodes au-deſſus, il faut ſix pieds de mur au-deſſus du plancher.

La petite écurie aura vingt pieds de longueur. Ces deux écuries ſe joignant ſur la même ligne, coûteroient environ , ... 3000 liv.

Vacherie.

L'étable aux vaches, pour en contenir vingt-quatre, doit avoir quarante-cinq pieds de longueur & vingt-deux de largeur, la hauteur dix pieds. Cette vacherie, avec des greniers au‑deſſus pour mettre des fourrages, coûteroit environ. . . . . . . 2500 liv.

Bergerie.

Les bergeries doivent avoir vingt pieds de largeur, afin de mettre facilement un rang de berceaux dans le milieu, pour donner à manger aux moutons l'hiver. Ordinairement il faut vingt-cinq pieds de longueur par cent de bêtes : ainſi, en mettant celle-ci à cinquante pieds & à neuf pieds de hauteur, ce bâtiment revient au moins à . . . . 2500 liv.

La maiſon pour loger le fermier avec des greniers pour ſes grains, la laiterie, le four, les toits pour les cochons & la volaille, le tout coûte 12000 liv.

RECAPITULATION.

Quatre granges de 120 pieds   Liv.
  chacune. 24000
Deux écuries à tenir 18 chevaux. 3000
Une vacherie à mettre 24 vaches. 2500
Une bergerie pour 200 moutons. 2500
Les colombiers. 1000
La maison du fermier & autres
  dépendances de la baſſe-cour. 12000

Total des bâtimens pour
  trois charrues. . . . 45000

Il faut joindre à ces dépenſes celles pour le défrichement des terres, les foſſés, les clôtures, la plantation des arbres fruitiers, le marnage, & autres dépenſes préparatoires pour mettre la terre en état de recevoir une bonne culture : ce qui fait bien encore un objet de quinze mille livres. On voit que cela formeroit un capital de ſoixante mille livres pour les avances foncieres de trois charrues.

Avances primitives.

	Liv.
Douze chevaux à 400 liv. piece.	4800
Le cheval du maître. . . .	200
Vingt-quatre vaches à 100 liv. .	2400
Trois cents moutons (*a*) à 12 liv.	3600
Douze cochons.	300
Deux cents volailles à 15 f. piece.	150
Vingt-cinq douzaines de pigeons.	50
Total.	11500

Inſtrumens de culture.

	Liv.
Trois charrues à 50 liv. piece.	150
Douze herſes à 3 liv. . . .	36
Deux rouleaux.	24
Quatre charrettes.	1250
Quatre tombereaux.	240
Une petite charrette. . . .	120
Douze harnois de chevaux en bon cuir de bœuf, garnis de gros & petits traits. . . .	600
Trois harnois de limon à 72 liv. piece.	216
	2636

(*a*) On ne garde que deux cents moutons pendant l'hiver ; les cent autres ſont achetés au printems, & vendus en automne après l'engrais.

	Liv.
Ci-contre.	2636
Six fourches de fer.	18
Trois crocs pour tirer le fumier.	6
Trois étrilles, peignes & épouf- fettes.	4
Un moulin à nettoyer les grains.	60
Un crible de fil de fer. . . .	30
Quatre autres cribles. . . .	20
Six vans.	30
Deux minots.	24
Quatre pelles de bois. . . .	4
Quatre bannes pour mettre fous les voitures quand on ferre les grains.	36
Total.	2868

Bergerie.

	Liv.
Cabane du berger.	100
Trente claies de parc à 50 f. piece.	75
Trois auges portatives pour les moutons, berceaux & rateliers portatifs.	150
Total.	325

✳

Meubles de ménage.

	Liv.
Une grande marmite & une moyenne.	36
Cuiller à pot, écumoire & fourchette de fer.	15
Crémaillere, chenets, pelle & pincettes.	20
Une chaudiere, un réchaud & un trépied.	21
Plats & assiettes de terre. . .	6
Un buffet.	30
Une table & deux bancs. . .	40
Quatre chandeliers, douze cuillers & fourchettes. . . .	8
Deux poëles, deux seaux, une chaise à sel, six chaises. . .	30
Un gril, un couperet & une serpe.	6
Un chauderon, un soufflet, trois lanternes.	22
Un lit pour les filles.	50
Deux lits de domestiques. . .	100
Vingt-quatre nappes de deux aunes à 25 s. l'aune. . . .	60
	———
	444

(15)

	Liv.
Ci-contre.	444
Dix-huit essuie-mains, dix-huit aunes à 25 s. l'aune. . . .	22
Vingt-quatre torchons, dix-huit aunes à 18 s.	16
Vingt-quatre draps de cinq aunes, cent vingt aunes à 25 s. l'aune.	150
Un pêtrin pour le pain, pour un setier de grain.	36
Un farinier 12 liv. quatorze paillons 7 liv. ustensiles de four 18 liv. Total.	37
Cinquante sacs à 3 liv. piece. .	150
Total. (a)	855
Emmeublement du maître. .	2000
Total.	2855

(a) On n'a mis ici que les meubles les plus in‑dispensables, tels que ceux d'un jeune fermier qui entre en ménage ; car si je les avois évalués comme ils sont chez tous les fermiers opulens, où j'ai vu jusqu'à quinze domestiques à table avec des couverts & des gobelets d'argent, & le reste du ménage à proportion, on sent bien que cette partie auroit monté à plus du double.

Laiterie.

	Liv.
Une barate.	10
Quatre seaux.	12
Vingt pots de grès.	12
Baquets.	6
Ustensiles pour les fromages.	12
Total.	52

Nourriture des chevaux pendant les vingt-un mois qui précedent la premiere récolte.

	Liv.
Avoine 52 setiers par cheval pour vingt-un mois, c'est pour treize chevaux 676 setiers à 9 liv.	6084
Foin : treize chevaux à deux bottes par jour, consomment pendant vingt-un mois 16400 bottes du poids de 12 livres, à 24 liv. le cent.	3936
Paille, une botte par jour par cheval fait 8200 bottes du même poids à 20 liv. le cent.	1640
Total.	11660

Dépense

(17)

Dépenfe & autres avances annuelles pendant les vingt-un mois qui précedent la premiere récolte, nourriture & entretien de l'entrepreneur de culture, & de fa famille, au moins 10000 liv.

La dépenfe du marnage, qui eft faite par les fermiers dans ce canton, & qu'il faut renouveller tous les trente ans, doit auffi être comptée dans les avances primitives, cela revient pour 320 arpens (voyez ci-après) à une fomme de . . . . 2240 liv.

RÉCAPITULATION.

Chevaux, beftiaux, troupeaux,   Liv.
  cochons & volaille. . . . 11500
Inftrumens de culture, harnois
  de chevaux, bergerie. . . 3193
Meubles du ménage, uftenfiles
  de laiterie. 2907
Semences. 4300
                     ————
Total du premier fonds
  d'établiffement. . . 21900
Nourriture des chevaux. . . 11660
Autres avances d'exploitation,
  nourriture & entretien de
                     ————
                35560

B

Liv.

De l'autre part. . . 33560
l'entrepreneur de culture. . 10000
Dépenſe du marnage. . . . 2240

Total des avances primitives 45800.

De la marne.

La marne ſe trouve ordinairement dans ce canton à quarante - cinq pieds de profondeur, & on la prend juſqu'à ſoixante & ſoixante-dix pieds ; pour la tirer on donne 12 liv. pour faire le puits qui deſcend à la marniere ; enſuite on paie cinq ſols la douzaine de mi-nots, chaque minot de trois boiſſeaux de Paris ; on en met par arpent huit à dix tombereaux, ce qui fait 6 à 7 liv. 10 ſols : cela revient pour 320 arpens à 7 liv. à une ſomme de . 2240 liv.

La quantité par arpent étant de huit à dix tombereaux qui contiennent cha-cun trente-ſix minots, cela fait, à dix tombereaux par arpent, 360 minots ; le minot contient 1985 pouces cubes, cela fait donc 413 pieds cubes ſur un arpent de vingt - deux pieds la perche ou 48400 pieds quarrés de ſuperficie, ce qui fait une ligne un cinquieme de ligne de hauteur fur toute la fuperficie du terrein.

Le nom de marne eft un terme général qui ne défigne point une terre particuliere, mais une terre compofée par la nature, fuivant différentes proportions qu'il faudroit bien défigner pour faire connoître la nature de la marne, & favoir fi elle eft propre aux différens terroirs où l'on veut l'employer. Il faut favoir que toutes les terres ne font compofées que de trois efpeces différentes, qui font de l'*argille* ou *glaife* qui eft la même chofe, de la *terre calcaire*, & du *fable*, dont il y a du gros qui fait le gravier, & du fin.

C'eft un mêlange dans une jufte proportion de ces trois efpeces, qui fait la meilleure terre productive. Pour en donner quelqu'idée, on dira qu'une terre qui paffoit chez nos agriculteurs pour être de très-bonne qualité, & rapportoit de bonnes récoltes de froment, étoit compofée de fix parties d'argille, fix parties de fable, & quatre parties de terre calcaire.

Celle qui a été trouvée de quatre

parties d'argille, six de fable & six de terre calcaire, étoit une terre médiocre.

Marner n'eft donc autre chofe qu'ajouter à un terrein ce qu'il lui manque de ces trois qualités de terre ; ce qui fait voir qu'il faut bien connoître fon terrein, & la terre qu'on répand deffus, pour le marner, afin de le faire avec fuccès : ce qui n'a pas encore été bien développé par aucun auteur.

L'examen que j'ai fait de la terre dite marne dans ce canton, m'a donné une terre calcaire, qui par conféquent eft propre à la nature des terres du pays, qui font argilleufes.

Je n'entrerai point dans le détail de faire l'analyfe des terres ; je dirai feulement que les terres calcaires font effervefcence dans les acides, & que les terres argilleufes n'y font aucun mouvement.

Avances annuelles.

Liv.

Nourriture de treize chevaux, à trente fetiers d'avoine chacun, fait 390 fetiers à 9 liv.   3510

	Liv.
Ci-contre.	3510
Ils confomment les fourrages de la premiere coupe des luzernes, ce qui fait 10000 bottes à 24 liv. le cent. . .	2400
Gages de trois laboureurs à 200 liv. chacun.	600
Pour leur nourriture 300 liv. chacun.	900
Un valet de baffe - cour, gages 120 liv. nourriture 300 liv. .	420
Gages de deux filles, la premiere 90 liv. l'autre 60 liv.	150
Leur nourriture 200 liv. chacune.	400
Une vachere, gages 50 liv. nourriture 200 liv. . . .	250
Gages du berger.	200
Pour fa nourriture & celle de fes chiens.	400
Maréchal annuellement. . .	300
Bourrelier autant.	300
Charron.	200
Cordier.	100
Pour la récolte de cent arpens	
	10130

Liv.

De l'autre part. 10130

de bled à 10 liv. l'arpent . . 1000

Cent arpens d'avoine à 30 fols
pour les faucher, & autant
pour relever & lier. . . . 300

Cinquante arpens de pois &
vefces à 3 liv. pour les faucher, & autant pour relever
& lier. 300

Vingt arpens luzernes à 3 liv.
par arpent pour le fauchage
de la premiere coupe. . . . 60

Fanage, on donne ordinairement vingt fols aux hom-
mes, & douze fols aux fem-
mes ; le bottelage fe paie
vingt fols par cent de bottes ;
le total de ces frais revient à
20 liv. l'arpent : c'eft. . . 400

Fauchage fecond, & troifieme
récolte à 30 fols l'arpent. . 30

Fanage & bottelage à 10 liv.
l'arpent. 200

Cinq calvaniers que l'on prend
pendant la moiffon à 36 liv.
chacun pour cinq femaines. . 180
____
12600

	Liv.
Ci-contre. . . . . . . :	12600

Le taſſeur , c'eſt-à-dire celui qui arrange les gerbes dans les granges ; on lui donne de plus trois ſetiers de bled bis à 15 liv.   45

Leur nourriture à quinze ſols par jour fait 27 liv. chacun, & pour les cinq.   135

Au Suiſſe qui garde les moiſſons pendant trois mois , pour gages & nourriture. .   120

Pour ôter les chardons des bleds & avoines. . . .   200

Frais de battage.   1000

Faux - frais.   300

Total des avances annuelles. 14400

Uſage du pays pour l'exploitation des fermes.

Les fermiers prennent les fermes à la S. Martin ; la premiere année ils ne font que labourer les jacheres pour emblaver les grains d'hiver, ce qui fait qu'ils n'envoient dans les fermes que leurs laboureurs & leurs chevaux pour faire ces travaux : on leur donne des écuries pour les loger. Ils n'ont la jouissance de tous les bâtimens de la ferme que la seconde année, & sont obligés d'acheter de l'avoine & des fourrages pour leurs chevaux, jusqu'après la récolte de la seconde année, celle de la premiere appartenant au fermier sortant ; ainsi ils attendent près de deux ans la récolte, & le débit ne s'en fait que la troisieme année, parce qu'on ne bat ordinairement les grains qu'à mesure qu'on emploie les pailles à la nourriture des animaux de la ferme.

C'est ce qui fait que les fermiers ne paient la taille & le fermage que la troisieme année de leur bail : ce qui est dans l'ordre régulier que prescrit la loi physique de la reproduction ; car l'impôt & le fermage étant un produit net de la culture, ne doivent être pris que sur la vente des productions. Comme cette vente ne se fait que dans le cours de la troisieme année, c'est donc alors seulement qu'on peut payer ces attributs.

Il est manifeste que si ces redevances

étoient payées dès la seconde annéé, comme il est d'usage dans quelques endroits, alors c'est une contravention manifeste aux loix naturelles de l'ordre physique ; car c'est vouloir prendre un produit net avant d'avoir aucun produit : dans ce cas ce ne seroit donc plus un produit net de la culture, mais bien une dépense antécédante à ses produits ; ce qui doit augmenter les avances primitives, grossir les reprises des cultivateurs, & diminuer d'autant les revenus, & par conséquent la portion du revenu public, ainsi que celui des propriétaires. Telle est la suite inévitable qui résulte de la violation des loix physiques qui nous donnent des subsistances. Rendons ceci plus sensible par un exemple.

Supposons un fermier qui a pris une ferme à la S. Martin 1772. Il a labouré pendant l'année 1773 les terres pour les grains d'hiver ; il a semé ces grains en automne 1773, & les menus grains au printems 1774 ; ainsi il n'a fait la récolte que de 1774, & n'a payé l'impôt que de 1775 ; & ce n'est qu'à la fin de cette année 1775, qu'il a donné un fermage au propriétaire, le fermier fortant ayant acquitté les fermages de 1773 & 1774, ainfi que les impôts de ces deux années.

Ainfi la récolte de 1774 a donné

1°. Les avances annuelles de 1775.

2°. Les intérêts des avances primitives faites en 1773 & 1774, tant en fonds d'établiffement qu'en dépenfes journalieres pour les travaux, & la récolte de 1774.

3°. L'impôt & le fermage de 1775, ainfi que la dîme qui a été perçue fur cette récolte.

On doit voir clairement actuellement, que cet ufage eft fondé fur l'ordre invariable de la reproduction, qui demandant deux ans de travaux avant de donner fes produits, & le débit de ces produits ne pouvant fe faire que la troifieme année, les avances & les revenus doivent fuivre ce même ordre de progreffion; c'eft-à-dire, que toutes les dépenfes faites les deux premieres années doivent être avances primitives, parce qu'elles précedent les premiers produits, & qu'il ne doit y avoir de revenus qu'après la vente de ces produits, qui eft dans le cours de la troifieme année. Ceci bien entendu, il fera très-facile de concevoir la diftribution réguliere des produits, dont on va voir l'évaluation.

Produit annuel.

Liv.

Cent arpens de froment à 300 gerbes à l'arpent, de cinq pieds de tour, qui rendent huit fetiers, dont ôtant un fetier pour la femence, refte fept fetiers par arpent, ce qui donne 700 fetiers à 24 liv. le fetier. C'eft . . . 16800

Cent arpens d'avoine produifent 100 gerbes à l'arpent, qui rendent fept fetiers, dont ôtant un fetier pour la femence, refte fix fetiers, ce qui fait 600 fetiers à 9 liv. le fetier. C'eft 5400

Vingt arpens de luzerne produifent année commune, à la premiere coupe, 500 bottes à l'arpent du poids de 12 li-

____

22200

Liv.

De l'autre part. . . . 22200

vres, ce qui fait 10000 bottes, à 24 liv. le cent de bottes, c'est en total . . . 2400

Les deuxieme & troisieme coupes sont ensemble de 300 bottes à l'arpent, ce qui fait 6000 bottes à 14 liv. le cent, parce que ces fourrages ne sont pas si chers que ceux de la premiere coupe : cela fait 840

Cinquante arpens de pois & vesces produisent 400 bottes à l'arpent, ce qui fait 20000 bottes à 12 liv. le cent de bottes. C'est 2400

A quoi il faut ajouter le produit de la dîme, qui est de quatre gerbes à l'arpent pour le froment & l'avoine, & de huit bottes pour les fourrages, évaluation des grains, pailles & fourrages : cela fait un total de 800

Total du produit annuel, dîme comprise & semence déduite, 28640

Des mesures.

L'arpent dont il est ici question contient cent perches quarrées, la perche à vingt-deux pieds de longueur, ce qui fait 1344 toises quarrées, ou 48400 pieds quarrés mesure de France.

Le setier est celui de Paris, pesant 240 livres de 16 onces poids de marc; il est divisé en douze boisseaux, le boisseau pese 20 livres & contient 124 pouces cubes.

Le produit des bestiaux se trouve à peu près égal aux 3200 livres de fourrages qu'ils consomment, & qui font les seconde & troisieme coupes de luzerne, avec les cinquante arpens de pois & vesces. C'est pourquoi ayant évalué le produit des fourrages, je n'ai point parlé de celui des bestiaux; ce qui auroit fait un double emploi qu'il eût fallu couvrir, en portant aux avances la nourriture de ces animaux : par conséquent cela auroit multiplié très-inutilement les états de dépense & de recette, & fait paroître un produit apparent fort au-dessus du réel; ainsi toutes les fois que dans une culture on fera une évaluation du produit des beſtiaux, il faut bien examiner ſi l'on n'a pas auparavant apprécié d'autres produits conſommés par ces animaux, & porté deux fois en recette le même produit.

Il en eſt de même des fumiers & des pailles, qu'on ne doit jamais évaluer dans la culture des grains : l'un & l'autre ſont un produit & une dépenſe de la culture, dont il faudroit faire une double évaluation très - inutile, puiſqu'ils doivent toujours ſe balancer ; car plus il y a de pailles, & plus il y a de fumiers ; & plus on a de fumiers, plus auſſi on a de pailles.

Ainſi les fumiers ne ſont que le produit des pailles que donne la culture, & par conſéquent ils ont la même valeur que ces pailles dont ils ont été faits : il ſeroit donc chimérique de vouloir compter à un laboureur plus de pailles que de fumiers ; car les cultivateurs doivent employer les pailles en total à l'uſage des fumiers, ſans quoi ils dégraderoient bien vîte leur culture.

Si quelques cultivateurs ſe trouvant

dans la détreſſe, vendent une partie de leurs pailles pour ſubvenir à quelques beſoins preſſans, il ne faut nullement porter en recette cette opération déſordonnée de la miſere, car il eſt très-viſible qu'on ne doit jamais compter dans le produit annuel d'une nation la diſſipation des fonds qui doivent être affectés à la culture.

Ainſi, quand dans la culture des grains on compte plus de fumiers que de pailles, ou plus de pailles que de fumiers, cela vient ſûrement du peu de connoiſſance que l'on a de l'ordre qui doit régner dans cette culture, ou bien de ce que l'on apprécie un déſordre que l'on confond avec les loix régulieres qui doivent être la baſe fondamentale de toute entrepriſe agricole.

Voyons actuellement la diſtribution du produit annuel.

DISTRIBUTION DU PRODUIT ANNUEL.

Reprifes de la culture.

Avances annuelles . . 14400⎤ Liv.
Intérêt à 10 pour 100 de
    45800 liv. d'avances
    primitives. . . . . . 4580 ⎬20240
Rétribution de l'entre-
    preneur de culture. . 1260⎦

Produit net ou revenus.

Fermage de 320 arpens
    à 19 liv. l'arpent. . . 6080⎤
Impôt $\frac{1}{4}$ du fermage . . 1520⎬ 8400
Dîme. . . . . 800⎦

Total de la diftribution du
    produit annuel de trois
    charrues. 28640

Plufieurs objets font à confidérer dans cette diftribution réguliere des produits de cette culture. Je vais préfenter quelques réflexions effentielles fur chaque partie.

Les avances annuelles.

Ces avances qui font ici de 14400 liv.

y

y donnent 58 pour 100 de produit net,
outre un intérêt à 10 pour 100 des
avances primitives, & une rétribution
pour les entrepreneurs de culture.

Comme ces avances confiftent en
nourriture d'hommes & d'animaux,
gages & falaires, entretien des inftrumens & harnois de la culture, toutes
chofes qui fe confomment journelle-
ment, il eft donc néceffaire de les renouveller chaque année : ainfi il faut
prélever leur totalité fur la production
annuelle, afin de l'employer aux travaux de la production future ; fans quoi
la terre ne produiroit que des ronces
& des épines. Telle eft la fanction ter-
rible qui affujettit à cette loi phyfique
de la culture.

Le bénéfice que donnent ces avances eft toujours en raifon de la richeffe
des entreprifes agricoles, & marque
avec précifion le véritable état de la
culture ; c'eft-à-dire que, lorfqu'il y a
de fortes avances annuelles, il y a alors
un produit net confidérable : mais pour
avoir de fortes avances annuelles, il
faut de groffes avances primitives, &
on ne peut employer de groffes avances

C

primitives, sans de grandes avances foncieres, qui font de grands corps de fermes vastes & solidement cons-truits.

La richesse de ces avances, & le produit net qu'elles procurent, déterminent l'ordre national des sociétés politiques ; elles donnent 58 pour 100 de produit net dans cette culture : si elles rapportoient plus ou moins de revenus, on voit que la culture seroit plus ou moins avantageuse, & par conséquent l'ordre national plus ou moins florissant.

L'intérêt des avances primitives.

On adjuge ordinairement aux entrepreneurs de culture un intérêt à dix pour cent de ces avances, parce qu'on doit comprendre dans ces intérêts trois choses essentielles :

1°. L'intérêt ordinaire du pays, comme de tout fonds placé sans risque, dont on peut jouir tranquillement & sans aucuns soins.

2°. Les cas fortuits d'un fonds sujet à des épidémies, des mortalités, qui souvent ruinent les possesseurs.

3°. La perte de la majeure partie de ces avances ; car on a vu par le détail des avances primitives, qu'elles montent à . . . . . . 45800 liv.

Et qu'il n'y a pour le premier fonds d'établiſſement que . . 21900 liv.

Ce qui ne fait pas la moitié. Tout le reſte a été employé en conſommations journalieres qui n'exiſtent plus. Voyons à quoi doit ſe réduire l'état des avances primitives à la fin d'un bail de neuf ans.

Le premier fonds d'établiſſement aura ſûrement dépéri d'un quart ; ainſi ce fonds qui étoit de 21900 liv. ſera réduit à . . . . . . 16425 liv.

Un fermier qui a joui pendant un bail de neuf ans, a fait neuf récoltes, ſur quoi il a fallu payer neuf fermages & neuf impôts, & prendre neuf fois l'intérêt de ſes avances primitives : il ne lui reſte donc ſur ſa derniere récolte que ſes avances annuelles & ſa rétribution, qui ſont ici de . . 15660 liv.

Ce qui joint avec le reſte du premier fonds d'établiſſement, ne fait que . . . . 32085 liv.

Ainſi les avances primitives ſe trouvent réduites à cette fomme, ce qui fait de perte . . . . . 13700 liv.

. Voilà donc $\frac{3}{10}$ du capital des avances primitives entiérement perdu, & les rifques très - grands que court le fur-plus qui peut être totalement anéanti par un accident fâcheux. On doit voir clairement actuellement combien il eft jufte d'adjuger au moins dix pour cent d'intérêt des avances primitives, capi-tal indifpenfable à la culture, & fi fujet à tant d'événemens dangereux.

Il eft vifible qu'on ne peut trop lar-gement difpofer en cette partie, pour affurer invariablement des richeffes précieufes, qui font les conditions ef-fentielles impofées par l'ordre naturel pour procurer des fubfiftances à tous les hommes; & que dix pour cent ne feroient pas fuffifans à ces grands en-trepreneurs d'une auffi riche culture, pour en foutenir les grandes dépenfes, s'ils ne retiroient encore une rétribu-tion dont on va parler.

La rétribution des entrepreneurs de culture.

Cette troifieme partie des reprifes,

dans un bon état de culture, devroit être au moins de 600 liv. par charrue : c'est une juste attribution due aux peines & aux travaux de ces riches économes , non - seulement comme récompense des soins continuels dont ils sont occupés pour la reproduction annuelle , car ils doivent sans cesse être attentifs & veiller aux labours, semences, récoltes, & autres travaux tant productifs que conservatifs; mais même ces fonds sont nécessaires pour subvenir aux grands fléaux auxquels sont exposées les productions, & pour entretenir & élever leur famille suivant la dignité d'un état de cette importance.

De plus, il seroit très - avantageux qu'ils pussent étendre & augmenter leurs entreprises , puisque c'est par la seule extension de leurs emplois, que les grands états agricoles, qui salarient & font subsister toutes les autres petites nations mercantiles, peuvent parvenir au plus haut degré de puissance.

Il faut de l'aisance & même de l'opulence à des hommes qui doivent être instruits de toutes les connoissan-

ces théoriques & pratiques fur l'économie rurale.

La nature des terres, les labours
plus ou moins profonds, & faits dans
les tems convenables ; les machines
& inftrumens aratoires les plus propres à exécuter ces travaux ; l'efpece
& la quantité d'engrais que chaque
genre de fol exige, le choix, la prépara-
tion des femences, la quantité relative
aux différens terroirs, & le tems propre à les employer ; toutes opérations
qui fertilifent ou dégradent les terreins, décident de l'abondance ou de
la médiocrité des récoltes ; le foin des
chevaux, beftiaux, troupeaux, les
fourrages qui font les plus convenables à chaque efpece, la maniere de
les élever, de les engraiffer, d'en
tirer le plus grand bénéfice, leurs
maladies, les principaux remedes ;
enfin l'obfervation continuelle & ré-
fléchie des tems, des faifons, des cli-
mats.

Ce fimple expofé fuffit pour faire
appercevoir qu'il n'y a point d'art qui
demande des connoiffances plus va-
riées, plus étendues, & une intelli-

gence plus éclairée ; par conféquent qu'il faut des hommes qui y foient totalement confacrés , & en faffent une étude attentive & perpétuelle ; puifque ce n'eft que par des épreuves longues & réitérées , & une attention fuivie, qu'ils peuvent diriger le plus avantageufement les opérations pratiques de cet art fi précieux , dont les effets font encore incertains & variables , dépendans abfolument de l'ordre phyfique des tems , dont une prévoyance éclairée peut tirer de grands avantages , mais dont elle ne fauroit changer ni régler le cours inaltérable.

Ces trois parties bien diftinctes, dont on vient de faire le détail , font ce qu'on appelle *les reprifes de la culture* ; elles ont une deftination phyfique très-vifible, & marquée par la nature : il eft abfolument effentiel de les prélever d'abord fur la production ; le furplus feul de la reproduction annuelle forme *le produit net ,* ou *les revenus ,* dont je vais parler.

Le produit net, ou revenus.

Les revenus font appellés richeffes difponibles, parce que c'eft la feule partie du produit total, dont on puiffe difpofer, & la feule par conféquent qui puiffe fournir la fubfiftance & fervir à l'entretien des hommes difponibles des nations dans l'ordre national de prefque toute l'Europe : ces revenus fe divifent en trois parties, dont voici la deftination.

La majeure portion appartient de droit aux propriétaires des biens fonds, il faut qu'ils en emploient une partie à l'entretien de la propriété fonciere : il eft néceffaire de réparer les bâtimens, les clôtures, pourvoir à d'autres dégradations que l'injure des tems occafionne toujours ; dépenfes effentielles pour rendre les avances annuelles les plus fruftueufes poffibles ; & cet intérêt devroit être plus avantageux que dans toute entreprife de la fociété, afin d'engager d'en faire cet emploi conftitutif du corps politique.

La feconde partie des revenus appartient au fouverain, & eft deftinée

pour les grandes dépenfes de la fociété ; comme l'inftruction générale ,
la juftice diftributive , l'entretien des
chemins , des ponts , des canaux de
navigation & d'arrofage ; celui de la
force publique , afin d'affurer & de
garantir les propriétés de la cupidité
privée & des attentats extérieurs.

La troifieme partie du produit net
eft délaiffée en grande partie aux mi-
niftres des autels chargés des fonctions
fpirituelles , & de l'inftruction publique , qui devroit être principalement
la connoiffance évidente des loix naturelles de l'ordre focial , ou l'obfervation & le développement des regles
phyfiques & permanentes que fuit la
nature dans la naiffance de fes productions , & leur diftribution réguliere
dans les trois claffes de la fociété : ce qui
fera développé dans la feconde partie.

C'eft fur ces regles effentielles que
doit être fondé l'ordre moral qui doit
former le lien commun d'union pour
réunir tous les hommes au même intérêt général : lorfque la morale n'eft
pas dérivée de l'ordre phyfique qui
donne l'exiftence & la vie aux hu-

mains, & qui affure leurs droits &
devoirs réciproques & communs, ce
ne font plus que des notions vagues
de juftice & de vertu, que chacun in-
terprete arbitrairement fuivant fon intérêt particulier exclufif ; ce qui forme
la défunion fociale, & la dépravation
des mœurs publiques.

Attribution des avances de la culture.

Les détails circonftanciés dans lefquels je fuis entré fur les différentes
avances, les produits, & leur diftribution, font évidemment voir que
la culture des terres ne peut s'exécuter fans trois fortes de dépenfes,
qui font *des avances foncieres , des
avances primitives , & des avances annuelles.* On a dû y apprendre la deftination effentielle de chacune de ces
avances, & appercevoir qu'elles demandent une attribution différente fur
la reproduction annuelle pour leurs
reprifes. Je vais tâcher de rendre ceci
le plus fenfible , parce qu'on ne peut
abfolument évaluer les richeffes d'une
nation fans une connoiffance entiere

de la nature de ces avances, & de leur emploi diftinctif; & par conféquent il faut en être pleinement inftruit, pour connoître les reprifes indifpenfables de la culture, auxquelles on ne doit jamais toucher, & les bien différencier du produit net du territoire, qui forme les revenus nationaux, ou les richeffes difponibles; fans quoi il n'eft pas poffible de pouvoir jamais établir un revenu public régulier, entiérement proportionnel aux feules richeffes qui doivent le fournir.

Ainfi on ne fauroit donner trop d'attention à cette divifion effentielle des trois efpeces d'avances de la culture, qui quoique paroiffant la chofe la plus fimple, eft cependant le fondement & la bafe de toute adminiftration & de tout gouvernement conforme aux loix primitives & effentielles de l'ordre conftitutif des fociétés régulieres & permanentes.

Les avances foncieres, ainfi nommées parce qu'elles font incorporées avec les fonds, & qu'elles en font la partie effentielle, confiftent, comme on l'a vu, en maifons, granges, écuries

& autres bâtimens pour loger les cultivateurs, leurs animaux, & les récoltes ; en défrichemens, plantations, clôtures & autres dépenses qui préparent le sol à recevoir la culture. Comme ces avances sont annexées aux fonds, & qu'elles font des travaux solides, c'est ce qui rend leur effet plus durable, & ce qui fait qu'elles demandent moins d'entretien annuel : c'est pourquoi, dans notre ordre national, on se contente d'attribuer cinq pour cent de leur capital aux propriétaires qui en ont fait les dépenses, ou qui les ont payées à ceux qui les avoient faites antécédemment, en achetant des fonds avec leurs établissemens. Cette simple rétribution suffit pour l'entretien & le dédommagement des dépenses foncieres.

Les richesses d'exploitation, employées sur des terres que les avances foncieres ont bien préparées à recevoir la culture, se distinguent, comme on l'a dejà vu, en deux parties.

1°. Les *avances primitives*, entiérement composées de richesses mobiliaires, comme chevaux, bestiaux, troupeaux , inſtrumens de culture , meubles de ménage , & autres dépenſes qui précedent les premieres récoltes : on voit qu'une partie eſt ſujette à des épidémies, des mortalités, une autre à un entretien continuel & conſidérable , & qu'une portion eſt un fonds entiérement perdu ; c'eſt ce qui fait que ces avances exigent un plus fort intérêt que les avances foncieres : c'eſt pourquoi il faut abſolument, dans un bon ordre de culture , leur attribuer dix pour cent pour l'intérêt de leur capital.

2°. Les *avances annuelles* , très-différentes des deux premieres, conſiſtant en gages & ſalaires des perſonnes employées à la culture, en nourriture d'hommes & d'animaux , ne ſont que des conſommations journalieres, & par conſéquent ont beſoin d'être renouvellées en entier chaque année. Voilà donc ces trois ſortes d'avances bien caractériſées.

Les avances annuelles ſont priſes en total chaque année ſur la reproduction.

Les avances primitives ne prennent ſur cette production qu'un dixieme de leur capital.

Les avances foncieres y perçoivent feulement un vingtieme de leur fonds.

On doit appercevoir très-clairement actuellement, que lorfqu'on fait des états de culture, il eft très - effentiel d'en bien diftinguer les différentes dépenfes, & de les claffer chacune dans l'ordre que la nature leur a affigné. Car fi l'on met une partie des avances annuelles, qui demandent d'être renouvellées en entier chaque année, parmi les avances primitives qui n'exigent qu'un dixieme de leur capital, on fouftrait alors neuf dixiemes de la rentrée légitime néceffaire à l'entretien de ces avances : ce qui prive les entrepreneurs de culture d'une partie de leurs reprifes.

Si au contraire on confond quelque portion des avances primitives avec les annuelles, il en réfulte que les reprifes de la culture feront plus fortes qu'elles ne doivent être ; ce qui diminuera d'autant les revenus.

Il y auroit encore un plus grand inconvénient à porter aux avances foncieres une partie des avances, foit primitives, foit annuelles ; ce feroit enlever à l'exploitation une grande partie de ſes repriſes indiſpenſables.

Il eſt très-facile de tomber dans ces erreurs-là, lorſque l'on n'a pas une grande habitude du dépouillement de l'exploitation des biens fonds, & ſurtout lorſque le même homme eſt propriétaire foncier, entrepreneur de culture, & en même tems exploitant : ce qui fait chez les nations opulentes trois fonctions différentes. Le propriétaire ne fait que fournir les terres, avec de grandes fermes ſolidement conſtruites ; & pour cela il reçoit un revenu aſſuré, qu'il peut dépenſer où bon lui ſemble.

Les entrepreneurs de culture ſe chargent de toutes les dépenſes d'exploitation, & ne font qu'en diriger les travaux, qu'ils font exécuter par des domeſtiques & des journaliers.

Quoique dans ce cas-là chaque attribution de dépenſe paroiſſe ſe claſſer d'elle-même, & qu'elle ſemble très-facile à diſcerner, je n'ai cependant point encore vu de détail de culture où l'on n'ait pas fait quelque confuſion dans la diſtribution des avances.

Ainsi donc, pour faire avec exacti-
tude l'inventaire des richeſſes & des
produits agricoles, il faut bien ſe mettre dans la tête que la reproduction
annuelle ſe diviſe en deux portions
eſſentiellement différentes ; ſavoir :

Les repriſes de la culture.
Le produit net ou revenu.

Les repriſes de la culture doivent
être exactement prélevées avant toutes choſes ſur la reproduction, & l'on
ne doit jamais y toucher, ſous quelque prétexte que ce puiſſe être, la
nature les ayant abſolument affectées
pour être employées aux travaux de
la cultivation & à l'entretien des richeſſes d'exploitation.

Il eſt donc très - eſſentiel de bien
connoître les repriſes de la culture :
on a vu qu'elles comprennent

Les avances annuelles.

L'intérêt à dix pour cent des avances primitives.

Et chez les nations opulentes, une
rétribution conforme à la richeſſe des
entrepreneurs de culture.

Les

Les avances primitives font compofées de toutes les dépenfes mobiliaires faites pour établir la culture, & pour tous les travaux qui doivent précéder la premiere récolte, dans lefquelles on ne doit jamais comprendre aucunes dépenfes foncieres.

Les avances annuelles font enfuite toutes les dépenfes de cultivation d'une moiffon à une autre, ainfi que les frais de récolte & de battage, & l'entretien des inftrumens & meubles de culture.

Ces reprifes indifpenfables bien connues, & prélevées fur la reproduction, on a alors très-diftinctement le produit net ou richeffe difponible.

Cette feule partie doit fournir à l'entretien & aux droits de la propriété fonciere, ainfi qu'au revenu public faifant le patrimoine de la fouveraineté, & qui eft l'attribution des avances fouveraines dont il fera parlé dans la feconde partie.

Je me fuis un peu appefanti fur ces détails, parce qu'ils font la bafe effentielle fur laquelle eft établie la fubftance, la vie des fociétés politiques,

& qu'on peut bien dire que c'eſt le compte du pot-au-feu de tout le monde.

CONCLUSION.

Il réſulte évidemment de tout ce j'ai expoſé pour faire connoître les richeſſes d'exploitation & les richeſſes diſponibles d'une riche culture, que le fondement & la baſe de l'agriculture ſont de très-grandes richeſſes employées pour former les établiſſemens, & les grandes avances qu'elle exige.

Pour donner une idée complete des grandes nations agricoles qui donnent l'exiſtence à toutes ces petites ſociétés mercantiles, & faire connoître les avantages de la France fondés ſur de riches exploitations, il faut ſavoir qu'il y a dans ce royaume au moins huit millions d'arpens traités par cette riche culture dont on a donné les détails, & qu'il y a trois milliards de fonds qui y ſont employés en dépenſes productives.

On peut facilement le voir en fai

(51)

fant la division des avances & produits
de cette culture par arpent. On aura
alors :

Liv.

Avances foncieres , par ar-
    pent. 187
Avances primitives. . . . 143
Avances annuelle 45
Produit total. . . . . . 89 $\frac{1}{2}$
Produit net. . . . . . 26 $\frac{1}{4}$

Les trois efpeces d'avances réunies
font de 375 liv. par arpent, ce qui
fait qu'il faut plus d'un milliard par
trois millions d'arpens. C'eft l'agent
néceffaire pour faire réuffir l'agriculture, & fans quoi elle ne peut jamais
avoir de fuccès confidérables. Il en
faudroit bien le triple , fi on mettoit
en parallele la floriffante culture de
quelques célebres agronomes Anglais.
En comparant notre petite culture,
on pourra juger combien nous fom-
mes encore éloignés du haut terme
de profpérité en Europe, auquel nous
ne pouvons parvenir que par plufieurs
milliards.

Je vais donner actuellement l'état

D ij

de culture d'un village en Allemagne, qui donnera une connoiſſance de la culture d'une grande partie de ce pays, qui ſe fait par villages dont chacun a ſon aſſollement particulier & peut être regardé comme une grande ferme, mais qui eſt exploitée par une quantité de petits propriétaires qui font tous enſemble une communauté, où chacun jouit & exploite ſa petite portion & l'enſemence ſuivant la nature du ſol où elle eſt ſituée. Ordinairement ils ont une portion dans chaque ſole.

État de culture en Allemagne.

Culture d'un village qui contient 1282 arpens de terres, 4 arpens de jardins, & 568 de prés : ce qui fait 1854 arpens. Les terres font diviſées en trois ſoles, & toutes enſemencées & cultivées par des chevaux. Les terres y ſont légeres & même très-ſablonneuſes pour la plus grande partie.

Etat d'une charrue qui cultive 18 arpens terres, (a) & 8 $\frac{1}{9}$ arpens prés

____

(a) L'arpent dont il eſt ici queſtion, contient 40960

& jardins : ce qui fait 26 $\frac{1}{9}$ arpens.

Les avances foncieres ne font pas confidérables ; elles confiftent en une maifon de bois dont les matériaux font pris dans leurs forêts , pour loger une famille de cinq perfonnes, une grange & des écuries pour ferrer les récoltes & beftiaux d'une petite exploitation : fouvent le tout tient enfemble & fous le même toit. Cela peut revenir, avec le défrichement des terres, à 600 fl.

Avances primitives.

	Fl.
Chevaux , beftiaux & volaille. .	212
Inftrumens de culture. . . .	70
Meubles de ménage.	100
Fonds primitif d'exploitation. .	382
Avances annuelles , première année.	262
Total des avances primitives. .	644

pieds quarrés d'Allemagne, qui font à peu près les trois quarts de l'arpent royal de France , dont on a vu ci-devant la mefure.

Le florin vaut 60 kreutzers ou 43 fols 7 deniers $\frac{7}{11}$ de denier de France : donc le louis d'or vaut 11 florins.

D iij

AVANCES ANNUELLES.

Nourriture de deux chevaux.

Fl.

Soixante-quatre quintaux de foin
à 30 kreutzers. 32
Trois cents corbeilles de navets à
3 kreutzers. 15
Six malters de bled de Turquie à
4 fl. 24

71

Nourriture du ménage à cinq personnes.

Dix malters de seigle (*a*) à 4 fl. . 40
Deux malters & demi d'orge à 3 fl. 7 $\frac{1}{2}$
Deux malters & demi de bled de
Turquie à 4 fl. 10
Trois malters de froment pour fa-
rines à 6 fl. 18
Huit malters de pommes de terre
à 48 kreutzers 6

153

(*a*) Le malter ou sac de grains contient huit simeri, & pese ordinairement en froment 200 livres, ce qui fait dix boisseaux, mesure de Paris.

(55)

	Fl.
Ci-contre.	153
Un cochon	10
Cinq ſimeri de ſel à 48 kreutzers .	4
Quarante livres d'huile à 9 kr. .	6
Un ohm vin.	6

Les légumes ſont fournis dans leurs champs & ne ſeront point comptés.

	Fl.
Graiſſe à charriot, 20 livres. . .	1
Habillement pour leur entretien annuel, 10 fl. par perſonne. .	50
Semences.	32
Total des avances annuelles.	262

Inſtrumens de culture.

	Fl.	Kr.
Un charriot	40	
Une charrue & herſe . . .	5	
Deux colliers de chevaux avec une ſelle	10	
Cinq houes	2	
Une pioche	0	40
Une pelle	0	20
Trois faux	1	30
	59	30

D iv

	Fl.	Kr.
De l'autre part . .	59	30
Trois pierres avec les coyers .		30
Cinq faucilles		40
Deux fourches à fumier . .		40
Deux crocs à tirer le fumier .		30
Une fourche à foin . . .		15
Cinq rateaux		30
Quatre cribles	1	
Un van		40
Quatre fléaux pour battre le bled	1	20
Cinq corbeilles d'osier . .		25
Une petite pelle de bois . .		5
Un coupe-navets		15
Mesures pour les grains . .		36
Instrumens à bois	3	4

Total des instrumens de culture pour une charrue 70 fl.

Bestiaux du village.

	Fl.
Deux cents vingt-cinq chevaux & jumens, estimés .	8217
Cinquante-neuf poulains . .	1007
Deux cents soixant-trois vaches	3555
	12779

	Fl.
Ci-contre.	12779
Soixante-une genisses . . .	570
Trente-huit veaux	175
Trois cents soixante - quatre cochons	1386
Volailles	142
Total des bestiaux du village	15052

Produit d'une charrue.

	Fl.	Kr.
Vingt-six arpens & $\frac{1}{9}$ à 17 fl. l'arpent	443	55

DISTRIBUTION.

Reprises de culture.

	Fl.	Kr.
Avances annuelles 262 0 $\Big\}$	326	24
Intérêt des primiti- ves à 10 p. 100 . 64 24		

Produit net.

	Fl.	Kr.
Quatre fl. & demi par arpent	117	31
Total, dîme comprise. .	443	55

Il y auroit bien des réflexions à faire
sur la distribution de ces produits, que

nous réfervons pour la feconde partie :
je dirai feulement que, quoique les
avances primitives ne foient point
auffi completes que celles de la grande
culture de France, ne contenant aucun
entretien du mobilier d'exploitation,
on a bien de la peine à perfuader dans
ce pays - là les pauvres exploitans,
qu'il faille attribuer dix pour cent
pour l'intérêt des avances primitives ; & ils ne veulent pas joindre
plus d'une année de travail à ces
avances.

ETAT GENERAL.

Toutes les terres de ce village peuvent être exploitées par foixante &
onze charrues, dont voici les avances
d'exploitation.

Avances primitives.

Fl.

Chevaux, beftiaux . . . 212 fl.
   par charrue. 15052
Inftrumens de culture . 70 fl.
   par charrue. 4970
                        ———
                       20022

	Fl.
Ci-contre	20022
Meubles de ménage . . 100 fl. par charrue.	7100
Premier fonds d'exploitation.	27122
Avances annuelles, premiere année 262 fl. par charrue.	18602
Total des avances primitives. .	45724

Semences par arpent.

	Fl.	Kr.
Seigle, 4 fimeri à 4 fl. le malter fait.	2	
Epeautre, 8 fimeri à 3 fl. . .	2	24

L'épeautre à 10 fimeri au malter, ainfi que l'avoine.

	Fl.	Kr.
Froment de mars 4 fim. à 6 fl.	3	
Orge 4 fimeri à 3 fl. . . .	1	30
Avoine 5 fimeri à 2 fl. 30 kr. .	1	15
Bled de Turquie demi-fimeri à 4 fl.		15
Pommes de terre 4 malters à 48 kr.	3	12
Haricots & pois 2 fim. à 4 fl. .	1	

Recueillent leur graine de chanvre.

Semences générales.

	Fl.	Kr.
Trois cents quatre-vingt onze arpens de seigle à 2 fl. l'arpent	782	
Trois arpens d'épeautre à 2 fl. 24 kreutzers . . .	7	12
Cent soixante-trois arpens de froment d'été à 3 fl. .	489	
Cent vingt-quatre arpens d'orge à 1 fl. 30 kr. . .	186	
Quarante arpens d'avoine à 1 fl. 15 kr.	50	
Deux cents quatorze arpens de bled de Turquie à 15 kr.	53	30
Cent cinquante arpens de pommes de terre à 3 fl. 12 kr.	480	0
Les haricots femés dans le bled de Turquie, ce qui fait 214 arpens à 1 fl.	214	
Un arpent de pois . . .	1	
Total.	2262	42
Plants & graines de tabac & de pavots, environ .	9	18
Total des femences .	2272	

Ce total divifé par 71 charrues, fait
chacune . . . . 32 fl.

Produit par arpent.

	Fl.	Kr.
Seigle, 60 gerbes, 3 malters à 4 fl. le malter	12	
Epeautre, 90 gerbes, 7 malters à 3 fl.	21	
Froment d'été, 70 gerbes, 2 malters & demi à 6 fl. . .	15	
Orge, 60 gerbes, 3 mal. à 3 fl.	9	
Avoine, 50 gerbes, 2 malters & demi à 2 fl. 30 kr. . .	6	15
Pavot, 1 malter & demi à 8 fl.	12	
Bled de Turquie, 3 malters & demi à 4 fl.	12	
Pommes de terre 25 malters à 48 kr.	20	
Chanvre, 3 quintaux à 10 fl. .	30	
Tabac, 6 quintaux à 5 fl. . .	30	
Haricots & pois, 2 malters & demi à 4 fl.	10	
Navets femés après le feigle, 120 corbeilles à 3 kr. . .	6	
Jardins eftimés.	9	
Foin, 25 quintaux à 30 kr. .	12	30

Le village dont je donne ici les produits, peut paſſer pour un des plus fertiles du canton ; j'ai vu le détail, auſſi circonſtancié que celui-ci, de plus de cent villages dont l'état moyen eſt au-deſſous.

PRODUIT GENERAL.

Sole d'hiver.

		Fl.
391 arpens de ſeigle à 12 fl. l'arpent		4692
3 arpens d'épeautre à 21 fl.		63
394	*Sole des mars.*	
163 arpens de froment à 15 fl.		2445
124 arpens d'orge à 9 fl. . .		1116
40 arpens d'avoine à 6 flor. 15 kreutzers. . . .		250
70 arpens de pavot à 12 fl. .		840
397	*Sole d'été.*	
214 arpens de bled de Turquie à 14 fl.		2996
150 arpens de pommes de terre à 20 fl.		3000
55 arpens de chanvre à 30 fl.		1650
419		17052

		Fl.
319	Ci-contre	17052
	71 arpens de tabac à 30 fl.	2130
	1 arpent de pois . . .	10
491	arpens.	
1282	214 arpens d'haricots à 10 fl. . . .	2140
	4 arpens de jardins à 9 fl.	36
	568 arpens de prés à 13 fl. 45 kreutzers . . .	7810
1854	arpens.	
	390 arpens de navets à 6 fl. . . .	2340

Produit total, dîme com-
prife, ... 31518

DISTRIBUTION.

Reprifes de culture.

Fl.

Avances annuelles . 18602 ⎤
Intérêt des primiti- ⎬ 23174
ves à 10 pour 100 . 4572 ⎦

Produit net, dîme comprife . 8344

Total, dîme comprife, . . 31518

La fole d'été eft plus grande que les deux autres, mais il en faut ôter les chanvres & une grande partie des tabacs qui font hors des foles & qui fe fement ordinairement en chanvre, & froment d'été ; la culture du tabac ne s'y étant établie qu'à caufe de la cherté où cette plante eft montée en Allemagne en 1777.

Culture du trefle.

Il eft effentiel de faire connoître cette culture qui a finguliérement perfectionné l'agriculture dans quelques cantons de l'Allemagne, où, par le moyen des prairies artificielles, ils ont amélioré leurs terres jufqu'à en doubler les récoltes & avoir des fourrages en abondance & de meilleure efpece, qui les ont mis en état de nourrir le double de beftiaux. Voici la pratique de cette culture.

Les terres étant divifées en trois foles, le fyftême de culture du trefle eft d'en remplir ordinairement la moitié de la fole des jacheres, ou la fixieme de fon terrein, que l'on feme en prairies ambulantes

bulantes qui ne dérangent jamais l'ordre de culture des grains ; étant cultivé pour perfectionner cette culture,
& non pour la diminuer : ainſi on ne
le laiſſe point deux ans de ſuite en
coupe, d'autant plus que la deuxieme
année il ſeroit moins beau que la premiere.

Pour ſuivre ce ſyſtême, le trefle ſe
ſeme dans la ſole des mars après l'orge,
l'avoine, le froment d'été, veſces,
pois, auſſi-tôt que ces ſemences ſont
faites & herſées ; & l'on herſe encore
légérement après la ſemence du trefle :
ce qui n'eſt cependant pas néceſſaire,
quand il eſt ſemé après des grains ſe-
més de bonne heure, & que la ſaiſon
eſt humide.

On ſeme ordinairement dix à douze
livres par arpent de 36 mille pieds
quarrés de France.

On le coupe deux fois ; la troiſieme
pouſſe eſt rentrée, & on ſeme deſſus
des grains d'hiver ; cette méthode de
renfouir la troiſieme pouſſe améliore
ſi bien le terrein & eſt un ſi bon engrais, qu'il y vient enſuite de beaucoup plus belles récoltes ſans être

fumé, que dans les autres terres, où l'on a planté des pommes de terre, ou autres plantes, quoique l'on ait bien fumé en faifant ces femences, & encore en femant les grains d'hiver. Cette différence eft fi remarquable, qu'en parcourant les champs avant la récolte, on difcerne de loin les grains d'hiver femés fur trefle d'avec ceux femés après d'autres plantes, ou même fur des jacheres; les premiers font toujours plus beaux.

Si la troifieme pouffe étoit trop haute pour être retournée à la charrue, on la couperoit, on l'étendroit bien également fur le champ, & on l'enterreroit auffi-tôt par le labour.

Quelques cultivateurs qui ne renfouiffent pas la troifieme coupe, fument leur champ, & fement fur un feul labour; s'il y a beaucoup d'herbes, ils en donnent deux & trois, fuivant qu'ils ont le tems: un feul alors ne fuffiroit pas. S'ils n'ont pas affez de fumier avant de femer les grains d'hiver, ils fument fur les grains lorfqu'ils ont pouffé avant l'hiver. Ils ont pour méthode de ne point retourner le trefle en tems fec.

Le trefle femé dans la fole des mars donne ordinairement cette année une coupe en automne après la récolte des grains. La feconde année, qui eft celle de jachere des terres, on le coupe deux fois en verd, ce qui fait une excellente nourrriture pour les beftiaux. Ces deux coupes en fec donnent ordinairement quarante quintaux de fourrages.

Cependant il ne faut pas croire que l'on puiffe tirer un fi grand avantage du trefle, fans l'ufage du gyps ou plâtre, dont on fe fert dans les cantons où cette culture s'eft perfectionnée. C'eft par le moyen de cet engrais calcaire que l'on eft parvenu à pouffer fa culture comme on veut : j'en ai également vu les merveilleux effets dans des terreins argilleux & fablonneux, parce que fes influences viennent de l'athmofphere.

On met du gyps fur le trefle la premiere année, quand les grains commencent à mûrir. Si on le mettoit plus tôt, le trefle viendroit plus haut que le grain & l'étoufferoit. Beaucoup ne mettent le gyps que quand les grains font coupés. On en met ordinairement quatre fimeri par arpent, ce qui fait cinq boiffeaux mefure de Paris. Cela fait que le trefle donne encore une affez bonne récolte en verd pour la nourriture du bétail.

On met enfuite du gyps fur tous les trefles avant l'hiver, feulement la moitié ou deux fimeri; & l'autre moitié au printems, en différens tems, pour avoir des récoltes qui fe fuccedent pour la nourriture en verd du bétail.

On fe fert du gyps en poudre, que l'on répand fur les champs à la main. Il faut toujours le répandre en tems humide, & au moment d'une pluie s'il eft poffible; en tems fec il ne fait rien.

Les *vefces*. On en met un fimeri feulement par arpent, quinze jours après avoir femé. Les pois de même.

Les *lentilles*, moins que les vefces: elles viendroient trop fortes, fe coucheroient & pourriroient.

On en met auffi fur les prés, où il fait très-bien. En général il fait d'excellens effets fur tous les herbages; mais il ne fert de rien fur les grains.

(69)

Pour *fon prix*. Il coûte ordinairement cinq fols de France le fimeri
dans les lieux où eft la pierre & où il
y a des moulins pour la piler & la réduire en poudre. Ces moulins font fur
les rivieres & mus par l'eau.

Quelques propriétaires intelligens
vont avec leurs chevaux & leurs charriots dans les carrieres chercher la
pierre, & la font piler chez eux : il ne
leur en coûte pas la moitié.

Les endroits éloignés de douze à
quinze lieues paient 10 à 12 fols le
fimeri.

Après avoir fait connoître l'état des
différentes avances néceffaires pour la
culture des grains, l'attribution de ces
diverfes avances fur la reproduction
annuelle, ce qui montre la diftribution
réguliere de cette production fuivant
les loix phyfiques naturelles auxquelles cette culture eft affujettie, il faut
auffi préfenter l'état de la culture des
vignes, & faire voir comment on en
doit évaluer les trois fortes d'avances
auxquelles elle eft pareillement fou-
mife, comme toutes les autres efpeces
de cultures.

E iij

Culture des vignes.

Il n'y a point de culture si variée que celle des vignes, tant dans ses travaux que dans ses produits, qui font les moins assurés de tous. Voici l'état des différentes avances qu'elle exige.

Avances foncieres de quatre arpens de vignoble en Touraine. (a)

	Liv.
Un pressoir à roue, garni de ses ustensiles : il y en a de bien différens prix, je mettrai celui-ci à	600
Deux cuves, l'une de vingt poinçons, l'autre de quinze, à 6 liv. le poinçon.	210
Bâtiment pour loger le tout, avec un cellier pour les vins, le logement du vigneron. . . .	2000
	2810

(a) L'arpent a cent perches quarrées ; la perche a vingt-cinq pieds de long : ce qui fait que cet arpent est d'un quart plus grand que l'arpent royal de vingt-deux pieds la perche.

(71)

Liv.

Ci - contre 2810
Défrichement & clôture, avec
  des fossés & des haies, au
  moins 400

   Total des avances foncieres 3210

Avances primitives d'un arpent.

Liv.

Plantage & labours pendant un
  an, se paie. 100
Fumage 200 charges fumier à
  10 f. 100
Quatre labours pendant deux ans,
  25 charges par an, fait pour les
  deux. 50
La quatrieme année il faut dix
  milliers d'échalas à 15 liv. le
  millier 150
Pour les tailler & les transporter
  à la vigne 10
Façons de deux ans, 25 livres
  par an. 50
Pour les échalas 40 f. par millier
  fait 20 liv. & pour les deux
  ans. 40

500

E iv

Liv.

De l'autre part. 500

On fait bien deux milliers de provins pendant ces deux ans, à
50 fols le cent, fait. . . . 50

Pour fumer ces provins autant. . 50

Total des avances primitives
pendant cinq ans. . . . 600

La cinquieme année la vigne commence à rapporter ce qui peut donner
les avances annuelles de la fixieme année, où elle eft en plein rapport fi elle
a été bien foignée ; pour lors on ne
compte plus que les avances annuelles, & l'intérêt des avances primitives.

Avances annuelles d'un arpent.

Liv.

Tailler & quatre labours fe paie . 25

Ficher les échalas, accoller & lier,
40 fols par millier, fait . . 20

Cent provins . . . 2 liv. 10 f. ⎫
Pour les fumer . 2 liv. 10 f. ⎬ 5
                    ⎭

Fumage d'un quart par an, trente
charges à 10 f. 15

65

(73)

Liv.

Ci-contre. 65

Entretien d'échalas , un millier

  par an. 15

Vendange 3 liv. par poinçon . . 30

Achat de dix poinçons à 4 liv.

  10 f. piece. 45

  Total des avances annuelles. 155

Produit d'un arpent.

Liv.

Dix poinçons (*a*). . . à 25 liv. 250

DISTRIBUTION.

Reprises de culture.

Avances annuelles 155 liv.

  dont ôtant 5 liv. d'im-

  pôt que paie le vigne-

  ron, reste. . . . . . 150 ⎱
                         ⎰ 210

Intérêt de 600 liv. d'avan-

  ces primitives à 10 pour

  100 60

(*a*) Le poinçon en Touraine contient 272 pintes mesure de Paris, dont 36 pintes font un pied cube; la pinte a 48 pouces cubes.

Liv.

De l'autre part. 210

Produit net.

Liv.

Revenu du propriétaire . 32 ⎤

Impôt payé par le cultiva-

  teur . . . . . . 5 ⎬ 40

Dîme se paie au vingtieme

  pris dans la vigne, mais

  ordinairement on l'a-

  bonne à . . . . . 3 ⎦

     Total 250

Le prix des vins dans ce pays ne permet pas de faire toutes ces avances, à moins que la vigne ne rapporte neuf à dix poinçons l'arpent, année commune ; ce qu'elle ne fait que lorsqu'elle est jeune. Elle ne peut donc soutenir tant d'avances lorsque ce produit commence à diminuer ; alors on ôte les échalas, & l'on supprime un labour, par la difficulté de le faire parmi les sarmens entrelacés les uns dans les autres. Voici les avances dans ce cas.

Avances annuelles d'un arpent.

Liv.

Tailler & trois labours se paient 20

Cent provins & fumage 5

Vendange & tonneaux 7 liv. 10 s.
   par poinçon, pour quatre poinçons fait. 30

   Total. 55

Le produit de l'arpent est, année
commune, de quatre poinçons, à 30
liv. le poinçon, attendu que le vin de
vieille vigne est de meilleure qualité
que celui des jeunes ; ce qui fait 120 liv.

D I S T R I B U T I O N.

Reprises de la culture.

Liv.

Avances annuelles 55 liv.
  ôtant 3 liv. pour la taille
  payée par le vigneron,
  moindre que dans les vignes à échalas, reste . 52 ⎤
Intérêt de 600 liv. d'avances   ⎬ 112
  primitives à 10 pour 100. 60 ⎦

Liv.

De l'autre part. 112

Produit net.

Propriétaire . . . . . . 3 ⎤
Impôt payé par le vigneron . 3 ⎬ 8
Dîme abonnée à . . . . . 2 ⎦

Total 120

On voit dans ce dernier état qu'il n'y a plus de revenus pour le propriétaire, & pas beaucoup dans le premier : mais il eſt ſurprenant qu'on puiſſe ſoutenir la culture de ce vignoble , avec les charges fiſcales dont il eſt accablé ; car les droits de toute eſpece , payés par les débitans en détail , comme auberges, cabarets, &c. ſont de 26 liv. par poinçon, tant pour octrois de la ville & hôpitaux , que pour droits des aides. Ainſi dans le premier exemple , où le produit de l'arpent eſt de dix poinçons , c'eſt 260 liv. de droits qu'on perçoit, & 104 liv. dans le ſecond : les droits ſont donc environ de 100 pour 100 du prix total en premiere vente. Il eſt facile de juger par là des funeſtes effets d'un régime auſſi défavantageux.

Vignoble d'Orléans.

Les avances foncieres & les avances primitives font à peu près les
mêmes qu'en Touraine ; mais comme
l'arpent n'eft que de vingt pieds la perche, ce qui ne fait pas les deux tiers de
celui de Tours, les avances primitives
ne feront évaluées qu'à 400 liv. pour
cinq ans.

Avances annuelles d'un arpent.

Liv.

Quatre labours, tailler & ficher
   les échalas, lier, ébourgeonner,
   coller, rogner 35
Entretien d'échalas 600 par an. . 10
Fumage $\frac{1}{8}$ par an, 150 hottées,
   d'un pied cube chacune . . . 18
Vendange à 3 liv. par poinçon . . 12
Quatre poinçons à 4 liv. 10 f. . . 18
____
Total des avances annuelles. . 93

Le produit année commune, du bon
plant d'une vigne de moyen âge, eft
de quatre poinçons (*a*), le poinçon

____

(*a*) Le plant commun ou de médiocre qualité eft
de fix & huit poinçons, auffi eft-il moins cher.

de deux cents quarante pintes de Paris
à 40 liv. le poinçon . . . . 160 liv.

D I S T R I B U T I O N.

Reprifes de culture.

Liv.

Avances annuelles 93 liv.
   dont 3 liv. de taille, refte 90 ⎫
Intérêt de 400 liv. d'avan-   ⎬ 130
   ces primitives à 10 pour   ⎪
   100 . . . . . . 40 ⎭

Produit net.

Revenu du propriétaire . 24 $\frac{1}{3}$ ⎫
Dîme fe paie au foixantie-   ⎪
   me, pris dans la cave . 2 $\frac{2}{3}$ ⎬ 30
Taille payée par le vigne-   ⎪
   ron . . . . . . 3 ⎭

Total 160

Une remarque effentielle, eft que
les avances primitives font entiérement faites à fonds perdu dans cette
culture ; car il faut les renouveller toutes après un certain nombre d'années.
Par exemple, en Touraine il faut replanter tous les trente à quarante ans.

Il faut auffi donner quelques exemples de cette culture en Allemagne. Je ne parlerai que des avances primitives & annuelles : ce qui fera fuffifant pour faire connoître les reprifes de la culture, & par conféquent pour pouvoir en apprécier les revenus.

ETAT DE CULTURE DES VIGNES EN ALLEMAGNE.

Avances primitives d'un arpent.

	Fl.	Kr.
Quatre mille brins de plant pour planter, à 6 kr. le cent	4	
Pour défoncer le terrein. . .	32	
Quatre mille petits piquets à 4 kr. le cent	2	40
Trente journées pour planter & porter les terres, à 20 kr.	10	
Quatre - vingt tombereaux de terre à 10. kr.	13	20
Seize charriots de fumier que l'on met l'hiver, à 48 kr. .	12	48
Pour porter & répandre, huit journées à 15 kr. . . .	2	
Deux labours.	2	40
Total premiere année. . .	79	28

Fl.　Kr.

Seconde année. Quatre jours pour tailler, deux jours pour replanter, douze jours pour trois labours. .　6

Troisieme année. Idem . .　6

Quatrieme année. Quatre mille échalas à 1 fl. le cent préts à planter & rendus à la vigne. . . . . . .　40
Seize charriots de fumier à 48 kr. . . . .　12　48
Pour porter & répandre. .　2
Culture. . . . . . .　18
Deux jours pour marcoter .　　　40

Cinquieme année. Culture & marcotes. . . . . .　18　40
Vendange & droit de preffoir. . . . .　5　40
Inftrumens de culture & vendange. . . . . . .　10　4

Total des avances pritives. . . . . .　200

Avances

Avances annuelles d'un arpent.

	fl.	k.
Tailler, quatre labours, piquer les échalas, plier les verges & les attacher, accoller trois fois & caſſer, ébourgeonner & caſſer ou rompre, ôter les échalas & les entaſſer; toutes ces façons ſe paient	18	
Deux jours pour marcoter. .		40
Entretien d'échalas $\frac{1}{10}$ par an	4	
Fumier $\frac{1}{3}$ par an	4	40
Vendange, dix coupeurs à 12 kr. . . . 2 fl. Un fouleur & un porteur de hotte à 20 kr. . . . . 40 Un voiturier . . . 1	3	40
Droit de preſſoir $\frac{1}{30}$ . . .	2	
Total des avances annuelles	33	

Produit d'un arpent.

Huit ohm à 7 $\frac{1}{2}$ fl. l'ohm fait . 60

DISTRIBUTION.

Avances annuelles . . . 33 fl.
Intérêt des primitives à 10
  pour 100 20

F

Fl.

Reprifes de culture 53
Produit net dîme comprife . . . 7
Total 60

La mefure appellée *ohm* dans ce canton contient à peu près cent trente-fix pintes mefure de Paris ; la pinte de Paris a quarante-huit pouces cubes.

L'arpent eft comme celui de la culture des grains, rapporté ci - devant.

Cet exemple eft pris dans un village où la culture des vignes eft entre-mêlée de celle des terres, & où les cultivateurs font les deux exploitations enfemble. Je vais donner l'état d'un village tout en vignobles.

ETAT D'UN VILLAGE TOUT EN VIGNES, DE MILLE ARPENS.

Avances primitives d'un arpent.

Fl. Kr.

Beftiaux 6 27
Plantage, 2400 brins de
   plant à 8 kr. le cent . . 3 12
9 39

	Fl.	Kr.
Ci-contre	9	39
Pour planter, seize hommes à 20 kr.	5	20
Quatrieme année, on les garnit de bois, il faut 1200 pieux à 2 fl. 30 kr. le cent	30	
Neuf cents traverses à 2 fl. 30 kr. le cent	22	30
Douze cents petites perchettes à 1 fl. 15 kr. le cent .	15	
Huit bottes d'osier à 30 kr.	4	
Cinq ans de culture avant la premiere récolte . . .	60	
Un fumage en entier . .	112	
Provins, vendange & osier	10	
Deux foudres pour mettre les vins	20	
Instrumens de culture, meubles de ménage . . .	23	20
Total des avances primitives	311	49

Bestiaux du village.

	Fl.
Trois cents vaches à 20 fl. . . .	6000
Quinze chevaux fort petits, à 20 fl.	300
Quinze ânes à 10 fl.	150
Total des bestiaux . . .	6450

Divifé par mille arpens, fait 6 fl. 27 kreutzers.

Inftrumens de culture.

	Fl.
Une brouette	3
Deux houes	2
Une hotte	1
Un coupe-gazon	1
Une beche	1
Une hache.	1
Scie, ferpette & petite fcie . . .	1
Meubles de ménage	60
Total pour trois arpens . . .	70

Fait pour un arpent 23 fl. 20 kr.

Avances annuelles d'un arpent.

	Fl.	Kr.
Tailler & deux labours fe paie	12	
Fumer $\frac{1}{3}$ par an.	24	
Mener le fumier & faire les foffes	4	
Entretien d'échalas, cent pieux	2	30
Cent traverfes	2	30
Quatre bottes d'ofier . . .	2	
Provins	1	
Vendange	6	
Total des avances annuelles	54	

Produit d'un arpent.

Fl.

Un foudre & demi à 80 fl. le foudre , fait 120

D I S T R I B U T I O N.

Reprifes de culture.

Avances annuelles . . . 54 ⎤
Intérêt des primitives à 10   ⎬ 85
  pour 100 . . . . . 31 ⎦
Produit net 35
Total 120

P R O D U I T G E N E R A L.

Mille arpens à 120 fl. . . . 120000

D I S T R I B U T I O N.

Reprifes de culture.

Avances annuelles . 54000 ⎤
Intérêt des primiti-   ⎬ 85000
  ves à 10 pour 100 31000 ⎦
Produit net , dîme comprife . 35000
Total 120000

Le florin vaut 43 fols 7 deniers $\frac{7}{11}$ de denier.

Le foudre contient dix ohm.

Il y a trois cents propriétaires dans ce village, fitué en baffe - Alface, au pied du côteau des Vofges.

Travaux.

On taille la vigne à la fin de février & en mars.

Le premier labour fe fait en mai, le fecond en juillet. Deux labours ne fuffifent pas, à caufe des herbes dont leurs vignes font remplies, & qu'ils recueillent pour nourrir leurs vaches.

Pour fumer on ouvre une foffe entre deux rangs tout au long, on y met le fumier, on le recouvre de terre quinze ou vingt jours après ; on attend qu'il ait plu.

Les vendanges fe font toutes à la hotte ; on cueille le jour, & on preffure la nuit. Ce font des vins blancs.

Les preffoirs font au bout des caves, & le vin découle du preffoir dans les foudres, par un tuyau de cuir.

Les preſſoirs ſont petits & ne peuvent preſſurer que deux foudres à la fois : ils coûtent 80 florins. Les foudres, demi-foudres, &c. coûtent 1 florin par ohm.

L'arpent dans ce vignoble eſt comme dans les terres, de 40960 pieds quarrés du Rhin : ce qui fait les trois quarts de l'arpent royal de France, dont on a vu l'évaluation ci-devant.

On ſe tromperoit très-fort, ſi on vouloit juger de la culture des vignes & de leur produit par ces exemples. Je le répete encore, il n'y a point de culture qui ſoit ſi variable dans ſes travaux, ſes produits & la maniere de faire les vins. Dans un vignoble de vingt lieues de long il y a ſouvent vingt cultures diverſes & vingt eſpeces de vins.

Mais les détails dans leſquels je ſuis entré ſeront ſuffiſans pour apprendre à connoître les différentes avances, auſſi bien dans les plus fameux côteaux du Rhin que dans ceux de la moindre qualité; par conſéquent il ſera facile de faire la diſtribution réguliere des produits, ſuivant l'attribution particuliere des avances reſpectives, & d'avoir une exacte connoiſſance des repriſes de la culture & des revenus qu'elle peut donner : ce qui eſt l'objet eſſentiel que je me ſuis propoſé dans ces détails.

LOIX
NATURELLES
DE L'ORDRE SOCIAL.

SECONDE PARTIE.

L'ordre focial eft l'ordre établi par le Créateur pour la réunion des hommes en fociété.

C'eft l'ordre des travaux & des dépenfes, auxquels il les a affujettis pour pouvoir jouir de tous les avantages dont leur conftitution phyfique & morale eft fufceptible, & qui ne peuvent fe trouver que dans une fociété bien conftituée.

C'eft l'ordre phyfique des avances néceffaires à la reproduction annuelle des fubfiftances indifpenfables aux befoins impérieux auxquels un Pouvoir fuprême a affujetti la confervation de notre vie.

C'eft la diftribution réguliere de cette reproduction annuelle , fuivant les loix invariables des différentes avances, qui l'ont fait naître, qui doivent la maintenir , la perpétuer , & en affurer le renouvellement continuel & permanent, afin d'affurer la vie & la multiplication de l'efpece humaine.

L'ordre focial n'eft donc qu'un ordre de travaux, d'avances, de reproduction , & de diftribution , conformes aux loix conftantes de la nature , qui fuit l'impulfion inaltérable qu'elle a reçue de fon divin Auteur.

On a vu le détail de ces loix dans l'état de la riche culture que j'ai donné dans la premiere partie ; une courte analyfe va nous montrer celle de l'ordre focial le plus avantageux.

Sans les avances qui développent fa fécondité , la terre refteroit inculte & ftérile ; & les hommes épars fur fa furface vivroient comme les brutes dans les forêts. Quatre fortes d'avances forment les travaux dont dépendent la culture & fes produits.

Avances souveraines.
Avances foncieres.
Avances primitives.
Avances annuelles.

C'eſt par le moyen de ces quatre avances, que les hommes ont pu établir de riches cultures, & avoir. d'abondantes productions, qui ont ſervi à former des ſociétés aſſurées.

La reproduction annuelle, diſtribuée ſuivant ces quatre genres d'avances, forme les loix naturelles & fondamentales de l'ordre ſocial, & les ſeules qui puiſſent établir une vraie conſtitution ſociale propre à procurer aux hommes tous les avantages poſſibles.

L'ordre des travaux de la culture, donné dans l'état d'une grande ferme, a déjà fait voir comment doit ſe faire cette diſtribution réguliere au moment de la reproduction. Pour faire voir la diſtribution complete, & la circulation réguliere de la reproduction, ſuivant les loix naturelles de l'ordre ſocial, il faut auparavant expliquer la diviſion naturelle de la ſociété en trois claſſes.

L'ordre d'une riche culture nous préfente dans l'ordre focial trois claffes d'hommes très – diftinctes par leurs diverfes fonctions : les deux premieres qualifiées par les quatre genres d'a-vances qui conftituent leurs emplois ; la troifieme occupée aux fervices qu'elle rend aux deux autres, & qui ne fub-fifte que par les falaires qu'elle en reçoit.

La premiere eft la *claffe productive*, qui tient immédiatement à la terre, & eft formée des entrepreneurs de culture, qui ont fait les avances pri-mitives & annuelles ; ce font des chefs qui, avec des fonds confidérables, ont fait les dépenfes de cultivation, & en dirigent tous les travaux qu'ils font exécuter par leurs domeftiques & jour-naliers, avec les animaux & inftru-mens néceffaires, dont on a vu tous les détails.

Il eft évident qu'ils ont un droit fur la production relatif à leurs avances : ce qui forme, comme on a vu, les re-prifes de culture, qui font les avances annuelles, & l'intérêt à dix pour cent des primitives, avec la rétribution des chefs de culture.

C'eſt la premiere portion à prélever.
Premiere loi fondamentale de la ſociété.

La ſeconde claſſe eſt la *claſſe propriétaire ;* elle comprend les propriétaires
fonciers, qui ont fait les avances foncieres, ou qui les ont payées à ceux
qui les avoient faites antérieurement,
en achetant des biens fonds, avec leurs
bâtimens & terres en culture.

Cette claſſe embraſſe le ſoüverain,
comme inſtituteur des avances ſouveraines & chargé de les perpétuer &
entretenir.

Les devoirs des propriétaires fonciers ſont l'entretien & l'amélioration
continuelle des avances foncieres.

*Des devoirs de la ſouveraineté ou avances
ſouveraines.*

1°. Inſtruction générale & particuliere.

2°. Sûreté & protection intérieure
& extérieure.

3°. Travaux publics relatifs au main-
tien général du territoire & à la facilité
des débouchés, comme les chemins,

les ponts, les canaux de navigation & d'arrofage, & autres dépendances publiques.

La feconde partie des devoirs fouverains comprend l'inftitution des magiftrats pour exercer les fonctions de la juftice diftributive ; c'eft-à-dire, pour régler les droits des citoyens conformément aux loix naturelles de la reproduction annuelle, dont ils doivent avoir une connoiffance très-étendue, afin d'en faire l'application dans tous les cas particuliers, & comparer les ordonnances des fouverains avec ces loix effentielles, dont elles ne doivent être que des conféquences évidentes.

Le premier devoir fouverain eft l'inftruction publique & continuelle des loix naturelles de l'ordre focial, qui ne font que les loix phyfiques même de la reproduction perpétuelle des biens néceffaires à la fubfiftance & à la confervation des hommes, & celles de leur diftribution dans les claffes fociales.

Il eft effentiel qu'il y ait dans une fociété tous les établiffemens néceffaires pour que tous fes membres foient pleinement inſtruits de leurs droits, & de leurs devoirs réciproques fixés par les loix naturelles de la reproduction & de la diſtribution.

On a dû prendre une idée claire de ces loix primitives, dans les détails donnés ci-devant, des avances foncieres, primitives & annuelles d'une riche exploitation, ſur la diſtribution réguliere de ſes produits ſuivant ces différens genres d'avances.

Quiconque n'a pas une connoiſſance très-détaillée de la deſtination & de l'emploi fructueux des avances foncieres, primitives & annuelles, n'eſt pas en état de diriger une exploitation ni d'avoir aucune conduite économique : encore moins peut-il être chargé de quelque fonction publique, & d'aucune portion de l'adminiſtration ; car l'ignorance de ces loix phyſiques, d'où dépend la plus grande abondance de productions, le mettroit ſans ceſſe dans le cas de détruire les ſeules ſources productives des richeſſes, & de donner par-là atteinte à l'ordre qui aſſure la conſervation de toute ſociété.

Ainſi, ſouverains, miniſtres & ma-

giftrats , venez vous inftruire dans les
atteliers des laboureurs & prendre les
premieres connoiffances de tous les
devoirs que vous avez à remplir :
c'eft là que le Créateur a mis en évidence les principes du vrai gouvernement des hommes, & qu'il a rendu
oftenfibles & calculables les loix effentielles qui forment leurs droits, leurs
devoirs & leurs intérêts communs &
réciproques , & qui doivent les rendre
tous les plus heureux poffible.

Le produit net eft la feule partie de la
reproduction annuelle qui doit fournir
aux dépenfes de la claffe propriétaire
qui comprend le fouverain , puifque
les reprifes de la culture appartiennent
effentiellement aux avances primitives
& annuelles.

Autre loi fondamentale , qui ordonne
que le feul produit net fervira aux dépenfes foncieres & fouveraines.

Ces deux loix fouveraines devroient
être écrites en caracteres d'or dans toutes les fociétés régulieres, qui, péné-
trées de l'ordre immuable du fouverain
Législateur, font de fes décrets éternels
la bafe effentielle de leur législation.

La

La classe stérile est la troisieme classe sociale; elle est salariée par les deux premieres classes , & occupée pour leurs services & leurs besoins qui sont tous les travaux des arts & du commerce.

On doit voir que cette classe ne subsiste & n'existe que par les dépenses des deux grandes classes productives & propriétaires. On l'appelle stérile, parce que ses travaux ne font naître aucune production ; son emploi dans la société consiste seulement à préparer les productions que la classe productive a fait croître, & à les rendre propres à tous les objets de jouissance qui nous sont nécessaires & agréables.

Après avoir compris cette division naturelle des trois classes sociales, il sera facile de concevoir la distribution générale de la reproduction entre ces trois classes.

Soit la reproduction totale du territoire d'un grand royaume, de 1500 millions.

G

PREMIERE DISTRIBUTION.

Claſſe productive. Repriſes de culture.

Millions.

Avances annuelles . . 600 ⎤
Intérêt des avances primi-
    tives à 10 pour 100 . 250 ⎬ 900
Rétribution des entre-
    preneurs de culture . 50 ⎦
Produit net ou revenus pour les
    propriétaires & le ſouverain . 600

Total de la reproduction an-
    nuelle 1500

On voit par cette premiere diſtribution conforme aux loix phyſiques
reproductives , expliquées dans la premiere partie, qu'au moment de la récolte, les deux claſſes propriétaires
& productives poſſedent le total de
la reproduction ; c'eſt par le moyen
de leurs dépenſes que ſe fait la diſtribution générale, & toute la circulation de la ſociété, préſentée dans le
tableau ſuivant.

SECOND TABLEAU DE DISTRIBUTION.

Circulation de la reproduction annuelle entre les trois classes sociales.

Millions.

Classe propriétaire achete
    Subsistances . . . 300 ⎫ 600
    Ouvrages d'industrie . 300 ⎭

Classe productive con-
    somme en nature deux
    tiers des reprises . . 600 ⎫ 900
    Achete ouvrages d'in-
    dustrie . . . . . 300 ⎭

Classe stérile achete
    Subsistances . . . 300 ⎫ 600
    Matieres premieres de
    ses ouvrages . . 300 ⎭

Total de la dépense apparente .. 2100

Ces deux tableaux de distribution réunis forment la circulation complete, annuelle, d'une société, dont il faut expliquer la marche réguliere.

La classe propriétaire qui comprend le souverain, possede tous les revenus ou six cents millions ; elle en dépense environ la moitié en subsistances, & l'autre moitié en ouvrages faits par la classe stérile.

La classe productive a les reprises de la culture, elle en consomme en nature sur les lieux pour sa subsistance & celle de ses animaux de travail environ les deux tiers ; & elle dépense l'autre tiers en ouvrages des manufactures, parce qu'elle fait beaucoup plus de dépenses en subsistances que la classe propriétaire à proportion de la portion qui lui revient dans le produit total annuel du territoire.

La dépense faite par ces deux classes à la classe stérile, est, comme on voit, de la moitié du   Millions. revenu ou de 300

Du tiers des reprises de la culture de. 300

Ce qui fait en total . . . 600

La classe stérile qui ne subsiste que par la dépense des deux autres classes, reçoit donc annuellement la moitié du produit net, & un tiers des reprises, qui font ici six cents millions.

Cette claſſe en emploie une moitié
en achat de matieres premieres pour
l'uſage de ſes fabriques, & l'autre moitié en ſubſiſtances; enſuite, par la vente
qu'elle fait aux deux autres claſſes,
elle eſt rembourſée du prix de ſes matieres premieres, & des ſubſiſtances
qu'elle a conſommées en les fabriquant.
Ainſi la connoiſſance de la diſtribution
de la reproduction annuelle donne celle
de la claſſe ſtérile.

Mais il faut bien remarquer que
cette claſſe ne reçoit annuellement
que ſix cents millions qui ſont les dépenſes des deux autres claſſes; ce qui
forme le total de ſes travaux, & de
tous les ſervices qu'elle rend à la nation, tant en ouvrages manufacturés,
qu'en frais de commerce, de vente,
& d'échange de matieres premieres,
de denrées & marchandiſes étrange-
res : ce qu'on ne doit jamais regarder
comme un produit nouveau, puiſque
ce n'eſt que le montant des dépenſes
des claſſes propriétaires & productives,
en main-d'œuvre & ſervices ſtériles.

On doit bien remarquer auſſi que,
quoique le ſecond tableau nous pré-

sente une dépenfe apparente de deux milliards cent millions, par la circulation entre les trois claffes fociales, il n'y a réellement qu'une confommation annuelle de quinze cents millions qui eft celle de la reproduction annuelle ; cette confommation ne pouvant pas être plus grande que le produit total annuel du territoire, lequel produit fait la dépenfe réelle de la nation, & l'unique valeur de la confommation des trois claffes de la fociété. Il ne faut pas confondre les denrées & marchandifes en circulation, avec leur confommation. (*a*)

C'eft là l'ordre naturel de la diftribution ordinaire des dépenfes d'une nation, lorfqu'il n'y a aucun obftacle à la circulation réguliere & complete de toutes les denrées & marchandifes des arts & du commerce.

Une fociété n'eft réellement com-

(*a*) Ceux qui voudront avoir des détails plus étendus fur la circulation, & fur tous les rapports de la diftribution, pourront lire la *Phyfiocratie,* ou *Conftitution naturelle du gouvernement le plus avantageux au genre humain,* par le docteur Quefnay. 2°. La *Philofophie rurale* de M. le marquis de Mirabeau, imprimée à Paris.

plete & ne forme un ordre focial parfait, que lorfqu'elle contient ces trois
claffes d'hommes.

Riches chefs de culture qui en dirigent tous les travaux, & ont fait les
avances primitives & annuelles des
grandes entreprifes agricoles.

Propriétaires fonciers jouiffant de revenus difponibles, & *autorité fouveraine* co-propriétaire du produit net.

Claffe ftérile, agens & falariés des
deux autres claffes, chefs & ouvriers
des arts & du commerce.

C'eft là l'*ordre focial parfait*, dont
l'ordre primitif d'une riche culture
montre véritablement l'inftitution fondamentale, par les différentes avances
qui ont fait naître fes produits.

La diftribution réguliere de ces
produits, ordonnée par la nature des
avances, préfente les rapports effentiels qui lient & uniffent les claffes
fociales, ainfi que les fociétés for-
mant plufieurs corps de nations, qui
ne font que de grandes familles de la
fociété générale, réunies par le même
intérêt univerfel.

G iv

La connoiffance de la cultivation des terres & des diverfes avances qu'elles exigent, eft donc le feul moyen de s'inftruire des loix conftitutives des fociétés, de leur progrès, de leur profpérité, de leur fplendeur, de leur décadence & de leur chûte.

De l'ordre national.

Comme les fociétés ne peuvent parvenir à l'ordre focial complet que par degrés, à mefure que de riches avances de culture ont établi de grands corps d'exploitation, ce font ces divers états de culture qui forment l'*ordre national des fociétés*, c'eft-à-dire, leur plus ou moins de perfection fociale, ou l'état de gradation & d'avancement vers l'ordre focial le plus avantageux; ce qui montre la véritable richeffe du territoire, l'aifance, l'opulence & la puiffance d'une nation.

Pour faire concevoir des vérités fi intéreffantes, & faire bien comprendre ce que c'eſt que l'ordre national d'une ſociété, je vais préſenter l'ordre de comparaiſon des deux cultures, l'une en France & l'autre en Allemagne, dont on a vu les détails dans la premiere partie de cet ouvrage : elles ſont fort différentes dans tous leurs rapports.

COMPARAISON *de l'ordre national de la grande culture de France avec celui de la culture d'Allemagne.*

Ordre national de France.

Les avances primitives ſont de 107 liv. par arpent. (*a*)

Le produit total eſt $\frac{5}{8}$ des avances primitives.

Les avances annuelles ſont environ $\frac{1}{3}$ des avances primitives, où la moitié du produit total.

Les repriſes de culture ſont environ $\frac{7}{10}$ du produit total.

Le produit net $\frac{3}{10}$.

(*a*) On entend ici l'arpent meſure d'Allemagne, qui eſt les trois quarts de l'arpent royal de France.

Les avances annuelles donnent 58 pour 100 de produit net.

Ordre national d'Allemagne.

Les avances primitives font de 53 liv. par arpent.

Le produit total un peu moins des $\frac{3}{4}$ des avances primitives.

Les avances annuelles font $\frac{2}{5}$ des avances primitives, ou un peu moins des $\frac{3}{5}$ du produit total.

Les reprifes de culture un peu moins des $\frac{3}{4}$ du produit total.

Le produit net un peu plus du quart.

Les avances annuelles produifent environ 45 pour 100 de produit net.

Pour mieux préfenter la comparaifon de ces deux ordres de culture, voici l'état de leur produit & diftribution par arpens, mefure d'Allemagne, de 36000 pieds quartés de France.

Grande culture de France.

Liv.

Avances primitives par arpent . 107
Produit total par arpent 67

Distribution.

	Liv.	S.
Avances annuelles . . .	33	15
Intérêt des primitives à 10 pour 100	10	14
Rétribution de l'entrepreneur de culture	2	17
Reprises de culture . . .	47	6
Produit net	19	14
Total du produit . .	67	

Culture d'Allemagne.

Avances primitives par arpent	53	16
Produit total par arpent . .	37	

Distribution.

Avances annuelles . . .	21	18
Intérêt des primitives à 10 pour 100	5	7
Reprises de culture . . .	27	5
Produit net	9	15
Total	37	

Ainsi dans cette culture, les richesses d'exploitation ne font que la moitié de celles de la grande culture de France.

Le produit total eft moins des $\frac{4}{7}$ de la grande culture.

Les reprifes de culture font $\frac{4}{7}$.

Le produit net n'eft que moitié.

Mais ce qu'il faut encore obferver dans l'ordre national françois, ce font les avantages des reprifes de culture, que voici.

1º. Les avances annuelles comprennent les frais annuels de l'entretien du mobilier de la culture, comme le charron, maréchal, bourrelier, cordier, &c.

2º. Il y a encore dans les reprifes de culture une rétribution pour les entrepreneurs; ainfi les riches chefs de la culture ont dix pour cent pour l'intérêt de leurs avances primitives, & cela feulement pour fubvenir aux accidens confidérables qui peuvent leur arriver; & outre cela, une rétribution pour leurs peines conforme à leur état.

Au lieu que dans la culture comparée, les avances annuelles ne comprennent aucun entretien de mobilier d'exploitation , & que l'intérêt des avances primitives à 10 pour 100 eſt chargé de cet entretien annuel, & qu'ils n'ont encore aucune rétribution pour leurs ſoins : c'eſt ce qui fait que le revenu qui leur reſte n'eſt point diſponible ; car ſans ce revenu ils ne pourroient abſolument ſoutenir leur culture.

Un autre déſavantage encore , c'eſt que la culture dans ce pays allemand ne ſe fait point ſans prairies naturelles qui ſont employées en frais d'exploitations ; c'eſt ce qui arrive dans toutes les petites cultures où il y a beaucoup de prés naturels qui ne ſervent qu'aux travaux de la culture : ainſi les produits des prés ſont abſorbés par les dépenſes de la culture des terres ; au lieu que la grande culture n'emploie aucune prairie naturelle dans ſes travaux , & qu'elle laiſſe abſolument libre le produit des foins, qui donne d'autres revenus très-indépendans de l'aratoire.

Ainſi donc la grande culture de France réunit ces avantages :

1°. Le double de revenus très-aſſurés & diſponibles.

2°. Un intérêt à 10 pour 100 des avances primitives, qui n'eſt point chargé de l'entretien annuel des inſtrumens de culture.

3°. Une rétribution pour les chefs de culture.

4°. Le produit des prés totalement indépendant de la culture.

Outre la diſtribution très-différente des produits de ces deux cultures, il y a encore une autre différence très-importante, que je vais expoſer, par la comparaiſon de l'ordre d'exploitation d'une partie de l'Allemagne & de celui de la France.

Ordre d'exploitation d'une grande partie de l'Allemagne. (a)

La culture des terres dans une grande partie de l'Allemague paroît n'avoir été établie que ſur l'idée qu'il ne falloit que des hommes pour en faire les travaux, ſans qu'on ait nullement penſé aux avances pécuniaires, néceſſaires pour former des établiſſemens

____

(a) L'autre partie eſt réunie en ferme.

ruraux, qui, réuniffant les animaux,
les machines & inftrumens employés
aux travaux de la cultivation, aident
& foulagent les hommes, en épargnant
des frais confidérables. Ce fyftême qui
donne de moindres reprifes de culture, & par conféquent augmente les
revenus, affure ainfi un plus grand
revenu public, & établit une puiffance
plus opulente & plus confidérable.

Il y a une très - grande différence
entre les établiffemens ruraux de la
France & ceux que je confidere ici.
Voici cet ordre tel que je l'ai obfervé.

La culture eft diftribuée par villages, où l'on a raffemblé autrefois quelques familles, fans autres avances
que leurs bras, & fans doute quelques
premiers alimens, & qui ont com-
mencé par défricher une portion des
terres. Ces familles en fe multipliant
ont étendu leurs travaux, de façon
que peu à peu ils ont joint ceux des
villages voifins ; & tout s'eft trouvé
cultivé. A mefure qu'ils en ont eu les
moyens, ils ont acquis fucceffivement
quelques charrues & autres inftrumens
de culture, ainfi que quelques animaux de travail & de profit.

Ces cultivateurs ont toujours été regardés par des souverains ou des seigneurs particuliers, comme des serfs dont ils pouvoient se servir à leur volonté, & de leurs animaux de trait, pour tous les travaux dont ils avoient besoin & dont les usages sont différemment modifiés suivant les lieux & la bonté des princes.

Cependant les terres défrichées par les colons, leur ont été données en propriété, à la charge des dixmes; une grande partie de ces terres a été encore chargée de cens & rentes seigneuriales : c'étoit là dans l'origine les seuls devoirs de ces possessions, avec les corvées sur les hommes & sur leurs animaux.

On y a joint depuis un impôt sur le territoire, sur les maisons, sur tout le mobilier, sur les hommes possesseurs ou non de quelques fonds de terre, sur les métiers, sur le sel; & pour suivre tous les canaux de la distribution & de la circulation, on a encore mis des droits sur toutes les ventes & achats des denrées, grains, bestiaux & marchandises.

Les

- Les propriétés foncieres & mobiliaires ont de plus été grévées d'un droit de 25 pour 100 du prix de leurs ventes, lorſque les poſſeſſeurs ont paſſé dans différentes ſouverainetés : ce prétendu droit a été modéré à 15 pour 100 lorſque les propriétaires ne font que changer de bailliage du même ſouverain.

Cette législation purement fiſcale, qui ne penſoit point à la propriété ſouveraine, a établi la diviſion des ſucceſſions indefiniment entre les enfans juſqu'aux parties d'un arpent de terres. Voici les effets de cette légiſlation.

Les familles, en ſe multipliant, ont partagé les poſſeſſions de leurs peres, & ont morcelé toutes les terres en petites portions qui ne ſont pas à beaucoup près ſuffiſantes pour entretenir le travail annuel d'un attelier de culture : cela eſt au point qu'il y a des villages dont le plus riche poſſeſſeur n'a pas dix arpens de terres, il eſt cependant obligé d'avoir une charrue & tous les inſtrumens néceſſaires pour une exploitation de trente arpens.

H

J'en ai même vu qui, ne possé-
dant que trois arpens, avoient une
charrue & deux chevaux; ils les entretiennent à peu près toute l'année
par le moyen des pâturages communs
qui font fort étendus dans presque
tous les villages & auxquels chaque
habitant a également droit, non en
fa qualité de propriétaire, mais comme
bourgeois, titre concédé par le fouverain pour un modique prix. Auffi-
tôt qu'un homme eft reçu bourgeois,
foit qu'il ait propriété fonciere ou non,
il a droit aux pâturages, bois, & autres terres communes.

Par cette fubdivifion perpétuelle,
les villages augmentent toujours en
bourgeois & en maifons; car tous les
ans il s'en bâtit de nouvelles à mefure
que les familles s'augmentent, chaque maifon n'étant conftruite que pour
une famille d'un mariage. Dans la
plupart des villages on compte que
depuis foixante ans les bourgeois & les
maifons ont quadruplé, par la facilité
qu'ils ont de bâtir, leurs maifons étant
conftruites en bois, qui leur font fournis des forêts de la communauté, ou

de celles des souverains aux villages
à qui l'on a concédé ce droit.

L'augmentation des bourgeois n'est
pas bornée aux familles natives de
ces villages; les administrateurs les
forcent souvent d'en recevoir d'étran-
geres, malgré toutes leurs réclama-
tions, & quoique de nouveaux habi-
tans dénués de tout soient à charge à
la communauté.

Les souverains qui croyoient que les
richesses pouvoient se multiplier avec
des hommes pauvres, n'ont pas prévu
ces inconvéniens. Ils ont donné, pour
y bâtir des villages, du terrein le long
de leurs forêts, où ils ont accordé le pâturage, & le chauffage qui devient une
charge de plus en plus onéreuse à mesure que les bourgeois augmentent :
car il y a des endroits où l'on fournit à
chacun d'eux quatre à six cordes de
bois par an.

Mais tout cela n'est accordé que sous
la condition tacite que les différentes
especes de gibier qui peuplent ces forêts se nourriront aux dépens des récoltes de ces villages; & pour leur
assurer cette subsistance, les souverains

entretiennent dans les villages, des gardes - chaffes qui défendent leurs fauves contre les atteintes des colons; violence qui ne fe borne pas aux forêts fouveraines, mais qui s'étend fur les bois des communautés, où les garde -chaffes exercent la même autorité.

Il en eft de même dans nos capitaineries en France; car par - tout le droit féodal a laiffé des traces de fon antique barbarie.

Qu'arrive-t-il de là ? Cette fujétion jointe aux autres caufes ci-deffus mentionnées, produit une très - mauvaife culture, dont l'impôt n'équivaut pas au bois de chauffage que reçoit l'habitant; il en réfulte de plus la dégradation énorme des forêts par le pâturage des beftiaux de toutes ces communautés : ainfi la charge & la perte des bois emportent bien au-delà des impôts que fournit un territoire ainfi cultivé, & le fouverain (s'appauvrit d'autant plus chaque jour.

Tous ces ménages & parcelles d'exploitations furchargés de recettes fifcales qu'ils ne peuvent folder, & de frais de culture qu'ils ne peuvent foutenir que par des efforts continuels, font prefque tous livrés à la mifere & à la rapacité des juifs qui leur vendent leurs beftiaux à crédit, & les rançonnent en fourniffant des capitaux dans ces villages. Par ce moyen ils envahiffent les revenus, fans participer aux charges publiques : car la législation allemande, ainfi que bien d'autres, n'ayant pas connu la fource des revenus, n'a affujetti les créances hypothéquées fur les fonds, à aucune redevance publique ; il y a même des villages dont les dettes font plus confidérables que les fonds. Ainfi tous les revenus paffent en entier dans les mains des créanciers fans qu'ils paient aucun impôt, lequel devient par-là entiérement à la charge de l'exploitation.

Un jurifconfulte Allemand me difoit que les fouverains n'avoient pas le droit d'affujettir les créanciers, fur les fonds dont ils tirent des intérêts qui en abforbent les revenus, à en payer les impôts, cela étant contraire à la législation germanique.

L'impôt ne pouvant donc être payé par des colons indigens & endettés, qui n'ont aucuns revenus, & font encore à grands frais, quoique misérablement, de très-petites exploitations qui ne peuvent leur fournir que la subsistance la plus grossiere, voici les conséquences qui doivent naturellement en suivre.

Les familles s'accroissant toujours dans les villages, & la subdivision continuelle des propriétés y réduisant les exploitations à des parcelles qui ne pourront plus soutenir même les frais de culture, tous les revenus s'anéantiront dans les villages; les souverains ne pourront plus y percevoir aucun impôt, & seront sans puissance & sans autorité au milieu de vastes possessions couvertes d'hommes qui, cultivateurs chacun de leur petite portion, ne pourront même y subsister en en consommant le produit en entier.

C'est ce qui résulte nécessairement de cette subdivision indéfinie des propriétés: diminution continuelle des exploitations; augmentation perpétuelle des frais de cultivation, diminution graduelle des revenus, & enfin leur anéantiſſement total.

On ſent bien que l'agriculture ne doit pas être conſidérable avec tant de cauſes pour l'anéantir; auſſi eſt - elle très-mauvaiſe chez pluſieurs princes qui ont cependant les plus excellens territoires. Les hommes dénués de richeſſes pour faire les avances qu'exige la culture des terres, accablés par la ſervitude & dévorés par des bêtes fauves, font avec peine une bien foible culture d'une portion de leur territoire, laiſſent le reſte en friche pour ſe livrer uniquement au pâturage, où ils entretiennent à peine le quart des beſtiaux qu'ils pourroient avoir par une bonne culture; encore ſont-ils chétifs & maigres & ne rapportent preſque rien à leur propriétaire.

Il eſt eſſentiel d'ajouter que la miſere d'une telle culture ne doit pas être attribuée à la pareſſe des colons, comme le répetent ceux qui affectent d'ignorer que les richeſſes prennent leur ſource dans la propriété & la liberté qui donne la ſûreté entiere de jouir du fruit de ſes travaux.

Ordre d'exploitation en France.

Il y a deux sortes de cultures en France, la grande & la petite : toutes deux paroissent avoir été formées sur le même principe ; savoir, que la charrue étant un instrument nécessaire pour la culture des terres, il falloit établir des exploitations où l'on pût en avoir l'emploi entier, afin que l'attelage nécessaire pour la monter fût employé toute l'année, & par conséquent pût donner le plus de produit possible, avec les mêmes frais qui sont ceux du premier achat, son entretien annuel, & sa nourriture.

D'après ces justes idées, on a donc institué deux sortes d'exploitations. Dans les provinces autour de la capitale, & dans celles du nord, où sans doute il y avoit plus de richesses, on a établi la grande culture ; ce sont de vastes fermes solidement construites, contenant tous les bâtimens pour loger les grains, les hommes & les animaux nécessaires à ces grandes entreprises, telles qu'on en a vu le détail dans la premiere partie.

Dans les autres provinces, où il y avoit moins de richeſſes, s'eſt établi la petite culture, qui ſe fait ordinairement avec des bœufs : les attelages y ſont moins conſidérables, les bœufs faiſant beaucoup moins de travail que les chevaux ; auſſi une charrue ne cultive que 20 à 30 arpens, & chaque exploitation n'eſt compoſée que d'une à deux charrues qui ne coûtent que de 600 à 1000 liv. à établir.

Il n'y a point dans ces provinces de riches entrepreneurs de culture, qui faſſent les avances de la cultivation ; ce ſont les propriétaires qui font eux-mêmes toutes les dépenſes des exploitations, & les fourniſſent à des colons qui n'ont rien, & qui ſe chargent de tous les travaux de la culture ; on leur donne la moitié des fruits pour leur nourriture & ſalaire, c'eſt pourquoi on les appelle *métayers*, & leurs exploitations *métairies*.

Ces exploitations ainſi établies, ne ſont jamais démembrées, & reſtent toujours dans leur entier. S'il y a pluſieurs enfans d'un même pere qui aient un droit égal à ſa ſucceſſion, ils en

partagent les revenus, ou l'un s'arrange pour ces fonds avec les autres,
fans que l'exploitation foit divifée ; elle
eft toujours continuée par les fermiers
de la grande culture, ou les métayers
de la petite.

Si les fuccefſeurs ne s'accordent pas
fur le partage des revenus, ou la poſ-
feſſion à l'un d'entr'eux, la licitation
de l'héritage eft alors ordonnée par le
juge du lieu, fur la fimple requête
d'un des cohéritiers, & fur le fimple
expofé que c'eft une exploitation montée, dont le partage ne pourroit en
être fait fans une détérioration de l'é-
tabliſſement de culture, & conféquem-
ment une perte des revenus.

Tel eft l'ordre général de la culture
de France, excepté quelques petits
cantons, fur-tout autour des grandes
villes, où il y a des terres qui fe cultivent à bras.

C'eft ainfi qu'une législation éclairée
& pleine de grandes vues, a pourvu
à la confervation des grands établiſſemens qui font néceſſaires pour la culture des terres, & à aſſurer l'emploi
avantageux des richeſſes indifpenfa-

bles, pour former de fructueuses exploitations, donner perpétuellement
des revenus conftans & inaltérables,
& former par-là une puiffance & une
autorité invariables.

Elle a fenti en même tems que les
feuls revenus devoient contribuer à
l'impôt : c'eft pourquoi elle a ordonné
que toutes les créances hypothéquées
fur les fonds fuffent chargées des fub-
ventions mifes fur ces fonds, fuivant
leur quotité, en raifon des intérêts
qu'ils en retirent ; & même aucune con-
vention particuliere dans l'acte d'hy-
potheque ne peut affranchir le prêteur
de cette redevance publique : elle feroit déclarée illufoire par tous les tribunaux.

Avec tout cela, l'agriculture eft lan-
guiffante dans prefque tous les lieux
où il n'exifte pas de ces riches fermiers dont nous avons parlé ; ce qui
comprend les $\frac{4}{5}$ des terres en culture,
ou à peu près trente millions d'ar-
pens qui font en petite culture, n'y
ayant guere que huit millions d'arpens
en grande culture & grandes fermes.
Pour mettre toute notre petite culture

en grandes & riches exploitations, il nous faudroit bien neuf à dix milliards.

D'ailleurs la fiscalité n'y exerce pas moins ses ravages qu'en Allemagne. La gabelle, les aides & le tabac y surpassent même tout ce qui a été imaginé ailleurs, dans les provinces où l'on exerce ces contraintes.

Amélioration de la culture dans les états de Bade - Dourlach.

Après avoir mis en parallele ces deux ordres d'exploitations, il est essentiel de faire connoître une opération importante, faite par son *alteffe féréniffime monfeigneur le margrave de Bade*, qui, voyant dans une partie de ses états une population nombreufe languir dans la mifere par les fuites du fyftême actuel d'agriculture, & fentant que les fourrages & la nourriture des beftiaux étoient la vraie richeffe d'un pays, a excité dans ces cantons la culture du trefle. Le fuccès a fi bien fecondé les vues bienfaifantes de fon alteffe, que la fituation de ces villages eft entiérement changée.

Quelques-uns d'entr'eux, en couvrant de trefles la moitié de leurs jacheres ou la fixieme partie de leurs terres, ont doublé la quantité de leurs beftiaux, & confidérablement amélioré chaque efpece : ils n'avoient, il y a quinze ans, que peu de beftiaux qui, paiffant toute l'année fur les pâturages communs, étoient maigres, donnoient peu d'engrais, & fourniffoient à peine les beurres & laitages néceffaires aux befoins des colons. Aujourd'hui ils poffedent de nombreux troupeaux en très-bon état; ils ont des laitages en abondance, & vendent beaucoup de beurre, ainfi que des bœufs gras.

Ces beftiaux nourris abondamment dans les écuries, fourniffent beaucoup d'engrais, avec lequel ils ont finguliérement amélioré leurs terres ; au point que celles qui ne donnoient que de très-foibles récoltes d'avoine, rapportent aujourd'hui des moiffons abondantes d'orge, & même de froment de mars ; & le produit des grains d'hiver a doublé en beaucoup d'endroits. Tous ces heureux changemens, opérés en peu de tems, font l'effet d'une culture

bien dirigée & encouragée par le fouverain.

Il en eft réfulté un autre avantage
bien confidérable : l'abondance des
fourrages ayant rendu inutiles les pâturages communs, on les a mis en culture ; & les bois qui étoient fans ceffe
endommagés par les beftiaux, fe font
déjà améliorés au point qu'ils donnent
en quelques endroits le double de bois
de chauffage à ces communautés.

On ne pourra croire combien ce
prince a eu de peine à introduire une
réforme fi avantageufe; il alloit lui-
même dans les villages exciter les cultivateurs à faire quelques effais, leur
fourniffant des femences, leur donnant des encouragemens, & même de
quoi avoir des beftiaux. Malgré cela,
il y en avoit fort peu qui vouluffent
fe prêter à fes defirs.

Enfin les premieres expériences ayant
démontré les avantages de la culture
du trefle, bientôt ils s'y font livrés
tous avec ardeur, & elle s'eft répandue de village en village, où ceux qui
étoient les plus opiniâtres font aujour-
d'hui les plus zélés promoteurs de cette
culture.

Il y a cependant encore quelques cantons que des exemples aussi frappans n'ont pu arracher entiérement de leur léthargie ; mais ce prince éclairé & bienfaisant s'occupe des moyens de détruire les préjugés funestes qui ont causé la misere de ses peuples.

D'autres princes de l'Allemagne, chez qui l'agriculture est encore dans l'enfance, quoiqu'avec les plus excellens terreins, frappés des grands changemens opérés dans le margraviat de Bade, y ont demandé des instructions, & un des plus habiles agriculteurs du pays a été appellé chez eux pour y apprendre à changer des friches en riches moissons. On commence enfin à voir que l'agriculture est la source des richesses & de la puissance des nations.

La comparaison des deux cultures de France & d'Allemagne présente deux ordres nationaux fort différens.

La grande culture offre des avances sociales completes, formées par des chefs de culture, dont les biens pleinement assurés par des reprises avantageuses, donnent de grandes richesses disponibles, & assurent constamment

l'exiſtence de la claſſe propriétaire par
des revenus territoriaux, dont la co-
propriété forme les revenus particuliers, & le patrimoine d'une ſouveraineté réelle.

La petite culture eſt le tableau d'une
ſociété incomplete, où les avances
ſociales n'étant pas ſuffiſantes pour de
grandes entrepriſes agricoles, les repriſes de la culture foiblement entretenue, n'y donnent ni revenus ni
population réellement diſponibles, &
par conſéquent les propriétaires y ſont
directeurs & agens même de l'exploitation.

La ſouveraineté a beſoin de ména-
ger extrêmement les revenus de ſa
co-propriété, car ils deviennent néceſſaires à la ſubſiſtance & à l'entretien
des exploitans, ſeule claſſe d'hommes
exiſtant ſur le territoire, & qui en em-
ployant tous les revenus qui leur reſtent dans la cultivation, ont encore
ſouvent beſoin de la bienfaiſance ſouveraine, le moindre accident les ré-
duiſant à la miſere, ſuite naturelle de
cultures limitées par l'étendue & les
avances.

Ainſi

Ainfi , outre les devoirs indifpenfables d'inftruction , de protection ,
& de communications publiques, la
fouveraineté doit encore porter fes
vues fur la formation fociale des établiffemens ruraux ; elle doit regarder
la nation comme une fociété qui commence à fe former , & ne s'occuper
qu'à créer les claffes fociales dont l'enfemble & l'harmonie compofent feuls
un ordre focial complet , & une fouveraineté immuable , par le moyen
des richeffes & des hommes difponibles , affurés par des reprifes de culture
complétement entretenue.

On voit que dans une telle culture
le revenu public ne doit point fe lever
dans la même proportion que dans un
ordre focial complet ; c'eft-à-dire, que
fi le revenu public eft le cinquieme du
produit net dans une grande culture
dirigée par de riches chefs, on ne doit
pas percevoir ce revenu à la même
quotité dans une médiocre culture,
n'ayant ni directeurs ni agens principaux ; car il eft évident que moins la
culture eft riche, plus elle a befoin
d'avances pour foutenir fon exploita-

I

tion, & en améliorer les entreprises, jusqu'à ce qu'elle soit parvenue à de riches exploitations & à des reprises completes.

A plus forte raison doit-on lui assurer une pleine immunité ; c'est-à-dire, la débarrasser de toutes les chaînes fiscales qui la tiennent toujours dans un état de langueur & de perplexité, jusqu'au terme de son anéantissement, & qui font le vice destructeur des états.

Moyen de créer des revenus.

Ce dernier moyen est le plus sûr pour procurer à l'agriculture des succès certains & infaillibles ; sans ce premier pas indispensable, tout autre plan n'est qu'une pure chimere bâtie absolument sur le vuide du néant, imaginée par des vues très-bornées sur l'ordre essentiel des sociétés opulentes & des nations florissantes, dont la puissance ne doit nullement se calculer par l'étendue du territoire, mais par la pleine exécution de l'ordre naturel social, qui est la force inébranlable du souverain Législateur.

On doit obſerver que, dans l'ordre ſocial, le revenu public, faiſant le patrimoine de la ſouveraineté, eſt un droit qui lui appartient ſur le produit net territorial, à cauſe des avances ſouveraines qu'elle a faites, & qu'il faut continuer & entretenir perpétuellement : de même l'autre portion du produit net appartient aux propriétaires particuliers, comme étant la rétribution de leurs avances foncieres particulieres.

Le revenu public eſt un droit de copropriété qui doit s'étendre ſur toutes les terres du pays, juſques ſur les domaines même des ſouverains, dont le produit net doit contribuer aux avances ſouveraines comme tout autre bien fonds de la nation : il ne faut pas confondre, dans ce cas, le revenu particulier du ſouverain avec le revenu général de la ſouveraineté, qui appartiennent chacun à deux différentes avances ſociales.

Ainſi on peut dire que dans cet ordre bienfaiſant & conforme à la juſtice par eſſence, perſonne ne paie l'impôt, puiſqu'il eſt fourni par le produit net

annuel des terres , qui se partage entre
les propriétaires fonciers & la souveraineté , à cause des avances foncieres
& souveraines, faites par ces deux co-
propriétaires , qui possedent alors en
toute propriété chacun leur portion
connue, légalement établie, & invariablement assurée , sans qu'aucun des
co-partageans puisse jamais rien pré-
tendre sur la portion de l'autre.

De la souveraineté.

La *souveraineté consiste donc*, comme
il faut bien l'observer, *dans la propriété fonciere d'un produit annuel territorial* : ce sont les droits résultans de
ses avances, qui la constituent ; par-
tout où cette propriété fonciere, for-
mant les revenus & le patrimoine as-
suré de la souveraineté , n'est point
pleinement établie & constamment assurée, il n'y a point de souveraineté ;
les représentans de ce titre, sous quelque forme qu'ils soient institués, ne
sont que des gagistes des nations ,
n'ayant qu'une puissance & une autorité précaires & incertaines.

C'eft ainfi qu'on doit juger les inf-
titutions fociales, leurs gouvernemens
& leurs adminiftrations.

L'Angleterre, dont la conftitution
Carthaginoife eft fi difcordante, où
les inftituteurs naturels de la fouveraineté fe font mis fous la dépendance
de leurs falariés, & ont entiérement
méconnu la dignité de leurs fonctions
effentielles & la vraie propriété fonciere fouveraine, ne préfente qu'une
mer orageufe fans pilote & fans bouf-
fole, où on ne peut trouver d'exiftence
que par des efforts continuels, & où
il n'y a abfolument aucune fouveraineté. Cette inftitution n'eft pas celle
de l'Europe qui s'eft le moins écartée
des loix naturelles de l'ordre fonda-
mental de la fociété.

Dans toutes nos fociétés politiques,
il y a plus ou moins d'impôts indirects
qui forment le revenu public ; cette
perception illégale & défordonnée,
puifqu'elle eft évidemment contraire
aux loix naturelles de l'ordre focial,
fans proportion & fans mefure, atta-
quant de tous côtés les revenus des
nations, par la deftruction des valeurs

vénales, par la subversion & l'interversion de la circulation & de la distribution, a encore un autre vice capital, c'est qu'elle emploie le pouvoir du prince pour soutenir la division & la désunion sociales ; c'est qu'elle arme l'administration & les agens fiscaux contre les sujets nationaux : ce qui fait une discordance d'intérêts & de droits , & par conséquent détruit la puissance & l'autorité souveraines qui ne consistent que dans la réunion entiere de toutes les volontés sous un seul & unique intérêt commun & réciproque.

Alors le pouvoir souverain, qui n'avoit été institué que pour soutenir cet intérêt légitime, n'a la force en main que pour le détruire. Une armée fiscale de plus de deux cents mille hommes, répandue sur tous les chemins de l'Europe, est la preuve manifeste d'un état aussi désastreux, & de la révolution infaillible qui menace ce grand continent. Les efforts de l'Amérique pour parvenir à l'indépendance que l'ordre ineffable lui assure, préparent à cet événement.

Aussi n'a-t-on vu sous les Grecs &

les Romains, & dans les états qui se
sont formés depuis, que des constitu-
tions imparfaites, qui sans cesse agi-
tées comme des mers furieuses, ne
nous offrent que des mutations per-
pétuelles de trônes & de gouvernemens qui se sont succédés sans cesse,
en dévastant par des guerres cruelles
les pays dont la possession étoit dis-
putée.

Une seule constitution formée aux
extrêmités de notre hémisphere paroît
avoir échappé à ces vicissitudes continuelles de gouvernemens, & dure
depuis plus de quarante siecles, parce
qu'elle a connu dès son origine les
vraies loix sociales conformes à l'ordre
naturel, & qu'elle a su en assurer la
durée constante & invariable par toutes
les institutions qui peuvent en maintenir la perpétuité.

Voici les loix fondamentales qui
constituent cette grande, cette inaltérable société.

Constitution de la Chine.

La propriété fonciere y est pleinement établie ; chacun peut posséder des terres , les acheter & les vendre , fans autres droits que les libres conventions faites entre les contractans. Celui qui vend reçoit tout le prix de fa terre , l'acheteur ne paie que ce qu'il donne au vendeur. Nuls droits féodaux, domaniaux , fifcaux, pêche, chaffe, &c. les propriétaires y jouiffent entiérement de toute feigneurie ; on n'a jamais connu aucune diftinction à cet égard.

La jouiffance y eft également indépendante : liberté de cultiver , de planter , d'arracher , de récolter & de vendre en tout tems , fans autre devoir que les loix phyfiques de l'ordre reproductif annuel.

Les terres ne doivent ni cens, ni rentes , ni terrages , & ne reconnoiffent d'autre feigneur que le propriéaire.

Le revenu public eft une dixme générale du produit territorial , qui fe leve depuis le vingtieme jufqu'au trentieme , fuivant la qualité des terres , les reprifes de la culture étant évidemment plus fortes à proportion de la moindre qualité des fonds. Ainfi l'on peut eftimer la dixme univerfelle fur tout le territoire au vingt-cinq. On évalue ce revenu du fouverain à un milliard de livres de France.

. M. Poivre, qui a été miniftre de France à la Cochinchine pendant long-tems, & a fait plufieurs voyages en Chine, dit, dans l'état qu'il nous donne de fon agriculture : " Voilà le feul &
„ unique droit impofé fur les terres,
„ le feul tribut connu en Chine depuis
„ l'origine de la monarchie ; & ce
„ qu'il y a d'heureux, le refpect des
„ Chinois pour les ufages anciens eft
„ tel qu'il ne fauroit tomber dans l'ef-
„ prit de l'empereur de vouloir l'aug-
„ menter, ni dans celui des fujets de
„ craindre cette augmentation.

„ Les cultivateurs le paient en na-
„ ture, non à des fermiers avides,
„ mais à des magiftrats integres, qui
„ en font les régiffeurs naturels. „

La liberté perfonnelle eft refpectée & maintenue : point de milices, d'enclaffemens, de corvées, & même défenfe fous peine très-grave à tous les gouverneurs des provinces de jamais prendre les laboureurs & leurs animaux pour quelque service que ce soit. Cette loi a été faite par l'empereur *Chum* il y a plus de quarante siecles ; elle est affichée par tout l'empire , & soutenue constamment avec toute la fermeté d'une autorité légitime & paternelle.

Liberté des arts & du commerce en tout tems & en tous lieux à tout le monde.

Ce sont ces loix primitives, prises dans l'ordre naturel social, dont l'instruction publique & le gouvernement ne cessent de répandre la connoissance & d'assurer la jouissance au peuple.

Elles ont été établies, il y a plus de quatre mille ans, par l'empereur *Yao* : & ses successeurs *Chum* & *Yu*, qui étoient deux laboureurs tirés de la charrue pour être empereurs, & qui avoient appris les loix sociales dans les lieux où elles sont gravées en caracteres divines, c'est-à-dire, dans les atteliers de la culture, qui sont le code naturel des loix physiques de la reproduction annuelle, & de sa distribution réguliere, ont formé cette constitution sociale qui subsiste invariablement depùis tant de fiecles, tandis qu'il n'y a aucune inftitution en Europe qui ait duré fix cents ans.

Il faut bien diftinguer entre révolution de trône & de gouvernement : il y a eu à la vérité changement de dynaftie à la Chine, mais jamais de conftitution fociale, ni de gouvernement. La nation opprimée par de mauvais fouverains, a appellé des princes Tartares, & les a aidés elle-même à faire la conquête de l'empire ; mais ces empereurs étrangers ont été obligés d'adopter entiérement la conftitution Chinoife, qui a toujours fubfifté également ; & les fix tribunaux établis à Pekin par l'empereur *Yao*, du tems d'Abraham, pour le gouvernement de cet empire, exiftent & font encore les mêmes aujourd'hui.

En Europe au contraire, dans les fucceffions de trône les plus longues, il y a eu un changement continuel de gouvernement. Par exemple, celui de France a été *féodal*, *monarchique*, *fifcal*, *miniftériel*. Il en eft de même des autres états qui ont fubi continuellement différentes formes conftitutives, parce qu'ils n'ont jamais connu la bafe fondamentale des fociétés , comme en Chine. Je ne faurois mieux terminer cet article que par quelques paffages de l'ouvrage de M. Poivre, dejà cité.

" Il n'eft point de contrée fur la terre où l'agriculture foit plus floriffante qu'en Chine ; mais ce n'eft ni aux procédés particuliers que fuivent les cultivateurs , ni à la forme de leurs charrues & de leurs femoirs, qu'elle doit cet état floriffant de fa culture, & l'abondance qui en eft la fuite.

„ Elle la doit à fon gouvernement, dont les fondemens profonds & inébranlables furent pofés par la raifon feule en même tems que ceux du monde ; à fes loix dictées par la nature aux premiers hommes, & confervées de générations en générations depuis le premier âge de l'humanité dans tous les cœurs réunis d'un peuple innombrable, plutôt que dans des codes obfcurs, dictés par des hommes fourbes & trompeurs.

„ Dans ce vafte empire il n'y a point d'autre inégalité que celle qu'établiffent le mérite & les talens. Ces diftinctions puériles de nobleffe & de roture, d'homme de naiffance & d'homme de rien, ne fe trouvent que dans le jargon des peuples nouveaux & encore barbares qui, ayant oublié l'origine commune, infultent fans y penfer & aviliffent toute l'efpece humaine.

" Les laboureurs y font fpécialement confidérés; & l'art de l'agriculture eft honoré, protégé, pratiqué par les empereurs, par les grands magiftrats qui font la plupart des fils de fimples laboureurs élevés, fuivant l'ufage conftant, par le feul mérite aux premieres dignités de l'empire; enfin par toute la nation, qui a le bon fens d'honorer l'art le plus utile, celui qui nourrit les hommes, préférablement aux arts de moindre néceffité.

„ Princes qui jugez les nations, qui êtes les arbitres de leur fort, venez à ce fpectacle! Il eft digne de vous. Voulez-vous faire naître l'abondance dans vos états, favorifer la multiplication de vos peuples & les rendre heureux? Voyez cette multitude innombrable qui couvre les terres de la Chine, qui n'en laiſſe pas un pouce ſans culture ; c'eſt la liberté & ſon droit de pro- priété qui ont fondé une agriculture ſi floriſſante, au moyen de laquelle ce peuple heureux s'eſt multiplié comme le grain dans ſes campagnes.

„ Aſpirez-vous à la gloire d'être les plus puiſſans, les plus riches, les plus heureux ſouverains de la terre ? Venez à Pekin, voyez le plus puiſſant des mortels aſſis ſur le trône à côté de la raiſon : il ne commande pas, il inſtruit ; ſes paroles ne ſont pas des arrêts, ce ſont des maximes de juſtice & de ſageſſe ; ſon peuple lui obéit, parce que l'équité lui inſpire ſeule les volontés qu'il annonce. Il eſt le plus puiſſant des hommes, parce qu'il regne ſur les cœurs de la plus nombreuſe ſociété d'hommes qu'il y ait au monde, & qui eſt ſa famille. „

Voyez *Voyages d'un philoſophe, ou obſervations ſur les mœurs & les arts des peuples de l'Afrique, de l'Aſie & de l'Amérique*, petit volume *in-*12 de 140 pages, & qui contient cependant l'état de la culture & du gouverne- ment des côtes d'Afrique & d'Aſie, dont cet ineſtimable auteur fait parfaitement la deſcription & peint ſenſiblement les effets. Il n'eſt pas poſſible de renfermer plus de choſes ſi intéreſſantes ſous une ſi petite étendue.

Son alteſſe ſéréniſſime monſeigneur le grand - duc de Toſcane marche à grands pas vers la liberté chinoiſe : on pourra en juger par le précis de ſes ordonnances que je crois faire plaiſir à tous les lecteurs pénétrés de l'ordre naturel de joindre ici, & par où je terminerai cet ouvrage.

PRÉCIS

DES ORDONNANCES

Du Grand-Duc de Toscane, du 15 septembre 1766, année de disette.

LIBERTE' à chacun de faire du pain de seigle ou froment, & de le vendre au prix qu'il en pourra tirer.

Liberté de la circulation interne du bled, avec exemption de tous droits. Liberté à chacun de vendre les farines de bled, d'orge, de châtaignes, & de bled de Turquie, sans payer aucun droit. Ordre de fournir à chacun dans son district les bleds nécessaires pour ensemencer les terres, au cas qu'on en manquât.

18 *Septembre* 1767.

Permis à chacun d'avoir boutique de boulanger sans payer aucune taxe, & sans

ſans obligation d'acheter le bled aux magaſins publics d'abondance. On ne pourra pas vendre du pain fabriqué avec des mélanges de froment & autres bleds, ſans la permiſſion du magiſtrat ; & ne pourront les boulangers abandonner leur métier ſans en avoir prévenu un mois auparavant.

29 *Octobre* 1768.

Abolition des privileges excluſifs accordés à quelques particuliers d'acheter & vendre les pieds de bœuf, les ſuifs, &c. Liberté d'exportation & d'importation du ſuif, ſans payer aucun droit. Il n'y aura aucune fixation au ſuif & aux chandelles ; chacun pourra les fabriquer & vendre aux prix qu'il voudra.

Liberté de la vente & circulation de l'huile en gros & en détail, & de l'exportation, ſans payer aucun droit.

3 *Février* 1770.

Toutes les maîtriſes & taxes que les artiſtes payoient aux différens corps d'arts & métiers au nombre de vingt-un, sont abolies dans la ville & district de Florence ; au moyen de quoi chacun est libre d'exercer le métier, art ou profession qu'il voudra, & même plusieurs ensemble, sans autre charge que celle de faire inscrire son nom à la chambre du commerce.

23 *Mai* 1770. *Pain.*

Suppression du privilege exclusif de la fabrique du pain fin. Il sera libre dorénavant à tous les boulangers d'en faire de toutes les especes sans limitation de poids ou de prix, qu'on laisse en liberté aux vendeurs & aux acheteurs.

25 *Février* 1771.

Abolition de toutes sortes de droits imposés sur l'importation des bleds tant par mer que par terre. Il sera permis à chacun d'en faire venir de l'étranger de la maniere qui lui conviendra.

Premier Décembre 1771. *Boucherie.*

Liberté & exemption à qui que ce foit qui voudra établir des boutiques de boucher & y vendre de la viande dans la ville de Florence.

10 *Décembre* 1771.

Même liberté de la boucherie accordée à la ville de Piſtoïa.

27 *Mars* 1772.

Suppreſſion de tous les réglemens fur les tanneries. Liberté générale d'établir des tanneries dans la ville de Florence.

25 *Juin* 1772.

Liberté à chacun de vendre, en tel endroit de la ville que ce puiſſe être, les vins de fon propre crû, ou autrement acquis.

13 *Juillet* 1772. *Pêche & chaſſe.*

La liberté eſt donnée à chacun de

chaffer & de pêcher dans quinze cantons de chaffe énoncés dans cet édit,
fitués partie dans l'Etat de Florence,
partie dans celui de Sienne, ci-devant
réfervés pour les plaifirs de fon alteffe
royale. On en excepte le tems de
ponte, repos & frai.

10 *Septembre* 1772.

Suppreffion de tous les droits payés
ci - devant dans les marchés publics
pour la vente des comeftibles, & d'autres denrées. Liberté de vendre toutes
efpeces de comeftibles & d'autres denrées dans toutes les places & rues,
pourvu que le paffage public ne foit
point embarraffé.

9 *Novembre* 1772.

Suppreffion de tout privilege exclufif ou ferme pour la vente du poiffon.
Liberté à chacun de vendre du poiffon, dont le prix fera remis à la libre
volonté des marchands & acheteurs,
& non pas fixé par les officiers de
l'Annona.

14 *Juin* 1773.

Liberté de la boucherie à la ville de Sienne.

29 *Septembre* 1774. *Impôt territorial.*

Suppreſſion dans quarante-cinq villages du diſtrict de Prato, de vingt-cinq articles d'impôts, réunis en une ſeule taxe qui doit être levée, comme dans les autres communautés, ſur les biens fonds, & dont doivent être exempts les payſans, les artiſtes & les ouvriers.

Réglement général pour toutes les communautés du diſtrict Florentin, que les propriétaires des terres & des autres biens immeubles, ſoit eccléſiaſtiques, ſoit ſéculiers, auront voix délibérative pour les impoſitions ſur les communautés & dépenſes générales & particulieres.

Les payſans, les artiſans & les ouvriers quelconques ne ſeront jamais chargés d'aucun impôt ou charge municipale ou communiale, ni à titre de capitation, ni fur l'induftrie, ni fur leurs ouvrages ou main-d'œuvre ; toutes les charges doivent fe pofer fur les propriétés territoriales, à quelqu'état, grade ou condition qu'elles appartiennent, les eccléfiaftiques non exclus.

L'ufage des corvées étant entiérement aboli, on ne pourra dans aucun cas commander l'œuvre d'hommes ou beftiaux qu'à prix d'argent comptant convenu & accordé.

La confection, l'entretien & réparation de tous les chemins communaux reftent à la libre adminiftration des communautés : les grands chemins confulaires exclus.

4 *Mars* 1775.

Défenfe de faire des vœux dans les ordres religieux avant vingt - quatre ans.

15 *Mai* 1775.

Abolition de neuf cantons de chaffe réfervés à fon alteffe royale, & vingt-cinq cantons à différentes familles & communautés ; permis à chacun d'y aller à la chaſſe & à la pêche , excepté les tems de défenſe générale.

24 *Août* 1775. *Défenſe de troubler la liberté générale.*

Son alteſſe royale dit dans cet édit, qu'après avoir établi par de précédens édits la liberté de commerce interne & externe du froment, des bleds & de tous grains, de même que de la fabrication & vente du pain, comme un moyen pour avancer & augmenter l'agriculture, ſource & fondement de la proſpérité de toutes les claſſes du peuple, & le plus propre pour aſſurer la ſubſiſtance des ſujets, & pour régler le juſte prix des denrées, par la concurrence des vendeurs & des acheteurs ; que l'expérience des années précédentes lui ayant fait connoître avec évidence, qu'autant tous les réglemens & ſoins des magiſtrats ont été inſuffiſans & même préjudiciables, autant la liberté accordée pour toutes les denrées a été ſalutaire, même dans les dernieres années de diſette & calamité publique: En con-

K iv

féquence S. A. R. fupprime la con-
grégation de l'Annona , jadis tribunal
de l'abondance.

En outre S. A. R. déclare que quiconque ofera empêcher les tranfports
des fufdites denrées , quel que foit le
lieu où elles foient deftinées , & que
celui qui s'aviferoit d'en empêcher à
qui que ce foit les achats , ventes ou autres contrats faits par qui que ce foit,
en quelques lieu & tems que ce foit ,
doit être regardé & puni comme per-
turbateur du repos public.

De plus on ne doit en aucune maniere empêcher à qui que ce foit la fabrication , vente ou tranfport du pain ,
lorfqu'il eft compofé de fimple froment , de quelque poids & figure qu'il
foit ; & chacun doit avoir la pleine
liberté d'exercer le métier de boulanger , fans autre formalité que celle de
fe faire infcrire comme tel ; libre à lui
de continuer ou quitter le métier quand
il voudra , en en donnant feulement
avis.

4 *Décembre* 1775.

Abolition totale des loix contraires

aux droits de propriété, en conséquence
suppreſſion de l'uſage de faire pâturer
ſon bétail ſur les terres d'autrui, dont
le droit eſt uniquement attribué aux
propriétaires deſdites terres.

20 Janvier 1776.

Liberté à tous les propriétaires de
bois de les couper & exploiter comme
bon leur ſemblera, ſans en demander
aucune permiſſion.

4 Mars 1776. *Grands chemins.*

Confection & entretien des grands
chemins abandonnés aux communautés, chacune dans leur diſtrict, auxquelles feront remiſes les ſommes de
dépenſes par la caiſſe générale.

18 Mars 1776. *Liberté des vendanges.*

Abolition des ſtatuts qui reglent les
jours de vendange, comme contraires
au libre exercice du droit de propriété ;
en conſéquence liberté à chacun de
faire ſes vendanges dans le tems qui
lui paroîtra le plus à propos.

10 *Juin* 1776. *Liberté de la boulangerie.*

Liberté de la boulangerie accordée à la ville de Livourne comme aux autres villes du grand-duché, en conféquence permis à tout particulier d'y établir des fours, faire & vendre du pain de quelque qualité, poids & prix qu'il lui plaira, avec la feule obligation de fe faire infcrire au tribunal. Libre à tous de continuer ou abandonner le métier lorfqu'il ne leur conviendra plus.

Liberté de la boucherie.

Liberté de vendre & acheter du poiffon & de l'exporter.

17 *Juin* 1776. *Impôt unique fur les terres.*

Etabliffement du même droit de liberté dans la ville de Pife & fes communautés que dans les autres villes & communautés de l'Etat Florentin.

Abolition de quarante-fept taxes ou impôts fubftitués par un feul impôt perçu fur tous les biens fonds, foit qu'ils appartiennent à des féculiers,

à des ecclésiastiques, aux fiscs ou à
S. A. R. Les payfans & artiftes ne
pourront être aucunement chargés de
cette taxe, ni à titre de capitation,
d'induftrie, ni fous aucun autre nom.

Il fera au pouvoir des communautés
de faire faire une nouvelle defcription
& eftimation des biens dans fon territoire, fi elle le juge à propos, pour
taxer juftement tous les contribuables.

Les corvées d'hommes & de beftiaux
défendues. Tous les ouvrages publics
doivent être faits argent comptant.

9 *Décembre* 1776.

Abolition dans la ville d'Arezzo de
toutes les maîtrifes & corporations
quelconques, de même que toutes les
taxes qu'on exigeoit des maîtres & des
compagnons, & établiffement de la loi
du 3 février 1770.

3 *Janvier* 1777. *Liberté de la pêche.*

Suppreffion de tous privileges exclu-
fifs de pêches dans la rade, port & ha-
vre de Livourne. Libre à chacun de

pêcher à l'avenir dans les fufdits endroits.

**7 Juillet 1777. *Poids & mefures uni-
formes.***

Etabliffement de poids & mefures
uniformes dans toute la Tofcane.

12 *Février* 1778. *Liberté du vin.*

Liberté à chacun de vendre du vin,
foit en gros, foit en détail, fans devoir
être pour cela foumis à aucune formalité, permiffion ou droit.

11 *Février* 1778.

Etabliffement du même droit de
liberté dans la *Maremme de Sienne* que
dans tous les autres états du grand-
duché ; favoir :

Suppreffion des corvées. Permiffion
d'y importer, retenir & exporter tout
ce qu'on voudra, n'y ayant nulle mar-
chandife de contrebande.

Liberté des arts, métiers & profef-
fions.

Liberté de la chaſſe & de la pêche.

Suppreſſion de tous droits ſur les beſtiaux & autres quelconques. Son alteſſe royale a ſacrifiée par-là ſoo mille livres de France qu'elle retiroit de ſes droits.

On donne des terres à ceux qui voudront s'y établir ; & au bout de dix ans ils ſont encore rembourſés de la quatrieme partie des ſommes employées en bâtimens ruraux.

L'heureuſe nation Helvétique approche beaucoup de la liberté chinoiſe ; car il n'y a ſur preſque toutes ſes terres que des dîmes & des cens & rentes foncieres : mais les cenſives & rentes ſont le prix de l'aliénation des fonds de terre, & ne doivent être regardées que comme un fermage, avec lequel cependant on jouit de la propriété fonciere. Il y a auſſi en quelques endroits des lods & ventes lors des mutations, différemment modifiés ſuivant les lieux.

Dans tous les autres états de l'Europe la liberté & la propriété ſont violées par toutes les extorſions & oppreſſions que la fiſcalité & la rapine ont pu mettre en œuvre.

DU REVENU PUBLIC
DE FRANCE.

J'avois terminé là mon ouvrage; il étoit fous preffe lorfqu'il m'eft parvenu dans les Alpes, où j'étois alors, un compte public des finances de la France. Je le regarde comme un des plus grands bienfaits qu'on ait pu rendre à ce royaume : rempli de cette idée, j'ofe y faire quelques obfervations qui me paroiffent effentielles.

C'eft le code de législation du grand-duc de Tofcane, dont on vient de lire le précis, qu'il faut mettre fous les yeux des princes qui reconnoiffent les décrets éternels & fi doux de la juftice par effence, & non le *régime des modifications*, qui ne préfente que des chaînes continuelles, au lieu du rétabliffement des droits effentiels que tous les peuples tiennent du fuprême Législateur, & fur lefquels les pouvoirs fouverains n'ont été établis que pour en affurer la jouiffance.

En comparant le code de législation de l'heureufe Tofcane, avec le compte rendu au roi de France de l'état de fes finances, on verra combien il refte encore d'imperfection dans le *régime des modifications* préfenté dans la troifieme partie, & combien les vues d'un grand financier font limitées auprès de celles d'un jeune prince qui n'a confulté que fon cœur & les fentimens de juftice dont il étoit embrafé.

Perfonne ne rend un hommage plus fincere que moi aux lumieres, au zele & aux talens fupérieurs du fecond Sully qui adminiftre aujourd'hui les finances de la France; les deux premieres parties du compte rendu au roi méritent à tous égards l'applaudiffement général.

Il faut être animé d'un grand courage, & avoir des vues très-élevées, pour avoir fenti que le premier pas d'un adminiftrateur éclairé étoit de rendre public l'état de fon adminiftration; & que la conduite obfcure & ténébreufe, tenue jufqu'à préfent dans la fifcalité de l'Europe, n'étoit qu'un abus de l'autorité qui perdoit la confiance & les égards qu'elle devoit aux

*inftituteurs fondamentaux des fociétés &
aux adminiftrateurs naturels des revenus
publics ,* & en même tems la haute
confidération qu'un grand royaume
agricole comme la France doit avoir
parmi les états de l'Europe. Cette ma-
nifeftation doit lui rendre la prépon-
dérance que la nature lui a affignée.

L'ordre mis dans différentes parties
de la recette & dans la comptabilité,
par diverfes fuppreffions & arrange-
mens de dépenfes réunies & fixées
clairement, montre toute la fermeté
& le vif amour de l'ordre que l'on met
dans chaque département.

La publicité de ce compte montre
vifiblement une ame pure & fans ta-
che, qui marche hardiment au bien,
fans nulle crainte des croaffemens de
la cupidité & des manœuvres fourdes
des cœurs infenfibles, accoutumés à
s'alimenter du défordre public ; mais le
régime des modifications annoncé dans
la troifieme partie, préfente des om-
bres qui obfcurciffent ce tableau en-
chanteur ; & il s'y trouve quelques ex-
preffions qui portent fur les bafes fondamentales de l'ordre focial. Je ne puis
m'empêcher

m'empêcher d'en relever l'inexacti-
tude. Il eſt dit, page 56 : *C'eſt le
pouvoir d'ordonner des impôts qui conſ-
titue eſſentiellement la grandeur ſouveraine.*

Pour avoir le pouvoir d'ordonner
des impôts, il faudroit pouvoir commander au ſoleil, ordonner la pluie &
le beau tems, diſpoſer à ſon gré de
la fécondité des terres. On pourroit
également dire que la grandeur des
propriétaires fonciers conſiſte dans le
pouvoir d'ordonner des récoltes ; mais
tous ces pouvoirs ſe bornent à recevoir avec ſoumiſſion ce que le Maître
des élémens accorde à nos travaux
aſſidus, auxquels il a aſſujetti la production annuelle de toutes les richeſſes, dont la portion de la ſouveraineté
eſt réglée par les loix éternelles, très-
viſibles, manifeſtes & calculables, qui
ne peuvent être modifiées par aucun
pouvoir ſouverain, & dont la pleine
connoiſſance & l'entiere obſervation
peuvent ſeules leur procurer le plus
grand avantage poſſible.

Ainſi la véritable eſſence de la ſouveraineté conſiſte à maintenir la liberté

entiere de tous les travaux, & à ne jamais intervertir l'ordre naturel de la
diftribution réguliere & effentielle de
la reproduction annuelle ; ce qui conf-
titue les droits effentiels des claffes
fociales, & la véritable harmonie du
corps politique, que la fouveraineté
doit affurer pour jouir de la pleine
effence de fon inftitution.

Le code de législation du grand-
duc de Tofcane fait voir manifeftement
que le rétabliffement de l'ordre n'eft
point un *projet chimérique*, & que le
fondement en eft appuyé fur la juftice par effence, & non *fur des idées
abftraites*, comme on ofe le dire page
61 du Compte public.

A l'égard de la gabelle, propofer
d'étendre une lepre affreufe, qui ne
gangrene encore qu'une portion d'un
royaume, fur toutes les autres parties
de cet état, fous prétexte d'en diminuer le vice, c'eft méconnoître la cure
qui doit extirper entiérement une perception auffi funefte, & portée à un
tel excès. Peut-on propofer à un état
producteur d'une denrée fi néceffaire,
de la payer le double de ce qu'elle

coûte dans les parties de la Suiffe & de l'Allemagne auxquelles il la fournit?

D'ailleurs l'impôt territorial n'a-t-il pas fubi des accroiffemens fucceffifs à proportion des franchifes ? J'ai fait des dépouillemens de culture fur les confins du Berry & du Limoufin ; & j'ai trouvé que dans cette derniere province, qui n'a ni gabelles ni aides, la taille, capitation & acceffoires étoient le double que dans le Berry, pays de grandes gabelles ; & il me paroît fort difficile d'y rien ajouter. Je penfe bien que la proportion n'eft pas fi forte par-tout, mais elle ne permettra jamais l'égalité de cet impôt illégal.

Ce feroit une chofe bien importante de donner une carte de France, comme celle des gabelles, où l'on verroit la proportion de l'impôt territorial avec le produit net des terres dans chaque province ; c'eft un ouvrage très-digne d'occuper toute l'attention des adminiftrations provinciales.

En attendant qu'on donne cette bafe lumineufe qui puiffe manifefter la réalité des moyens & les charges dont ils font grévés, je préfenterai ici un

petit apperçu des effets que les fom-
mes levées en France operent fur fes
revenus. Je ne l'offre que comme un
modele, ne pouvant pas parfaitement
difcerner , dans le compte public des
finances, l'impôt territorial d'avec l'indirect ; ce qu'on auroit dû bien diftinguer : mais je crois cependant n'être
pas extrêmement loin de la réalité.

Il eft dit page 9 : *Les revenus du roi
excedent 430 millions ;* & page 42,
*qu'on leve aujourd'hui fur les peuples,
tant au profit du roi que pour le compte
des villes , des hôpitaux & des communautés , environ 500 millions.* Si l'on y
ajoute quelques frais qui n'y font point
compris, les corvées, la contrebande,
&c. on peut bien eftimer que cela va
au moins à 550 millions, qu'il faut diftinguer en trois parties.

Millions.

Impôt territorial, autant que je
  puis l'appercevoir, à peu près 150
Fermes générales, régies ou droits
  fur les confommations, ce qui
  forme l'impôt indirect de . . 280
———
    Total du revenu public . . 430

Millions.

Ci-contre 430

Frais de perception, profits & gains des traitans, régiſſeurs, & de tous les percepteurs publics, octroi des villes & hôpitaux, communautés, procès des élections, corvées, contrebande, amendes, confiſcations, vexations & extorſions de toutes eſpeces, au moins . . . 120

Total des ſommes levées annuellement en France 550

La reproduction annuelle de la France peut être de . . . 1900

D I S T R I B U T I O N.

Repriſes de culture.

Avances annuelles . . . 900
Intérêt des avances primitives . . . . 300 } 1200

Produit net.

Revenu des propriétaires 550
Impôt territorial . . . . 150 } 700

Total 1900

On met un impôt indirect de 280 millions, les frais & suites de tous genres coûtent 120 millions, ce qui fait 400 millions payés par les dépenses, & qui grevent d'un quart·celles sur lesquelles ils portent, parce qu'ils ne tombent pas sur toutes les dépenses de la nation, & qu'il n'y a guere que 1600 millions de dépenses qui les supportent. Ils font payés à peu près ainsi dans l'état le plus favorable que l'on puisse l'apprécier.

Millions.

Le revenu de 550 millions paie 137 $\frac{1}{2}$

L'exploitation fur 500 millions feulement 125

Le revenu public de 430 millions. . . . . 107 $\frac{1}{2}$

Les parts-prenans de 120 . . 30

Total de cette contribution . 400

Le revenu public, les agens fiscaux, &c. en paient . . . . 137 $\frac{1}{2}$

Refte à la charge des propriétaires . . . . 262 $\frac{1}{2}$

Ajoutant l'impôt territorial de . 150

Total à la charge des propriétaires . . . . 412 $\frac{1}{2}$

Ainſi dans l'état actuel l'impôt en-
leve la moitié des revenus de la nation, qui devroient être de 825 millions, en y ajoutant les 125 millions
que l'impôt indirect reprend ſur l'exploitation : ſans compter les revenus
qu'une telle perception & les prohi-
bitions qu'elle entraîne détruiſent, &
qui ſont inappréciables.

Le revenu public n'eſt plus qu'une
maſſe illuſoire, par le repompement
que fait l'impôt indirect qui en abſorbe
le quart. Tel eſt l'effet de cette perception déſaſtreuſe, elle ſurcharge toutes les dépenſes, altere toutes les valeurs vénales, en leur donnant une
fauſſe apparence qui n'eſt qu'une pure
illuſion, par le faux prix qu'elle met à
toutes les conſommations.

Mais la fin de la troiſieme partie de
ce compte public a touché mon ame
des plus douces émotions. En voyant
la plus haute vertu pénétrer les aſyles
de la miſere & de la pauvreté, employer des ſoins aſſidus pour porter
des ſecours à l'indigence accablée par
les ſouffrances & les maux, ſuivre
tous les détails du gouvernement dou-

loureux de ces malheureux, & nous apprendre les moyens efficaces d'y apporter les foulagemens les plus propres à pourvoir à des befoins fi urgens, tous les cœurs font pénétrés de la plus tendre fenfibilité.

Jouiffez, heureux couple, fans altération, des plus longs jours! C'eft l'objet de mes vœux très-finceres. Confommez entiérement votre ouvrage. La paix, dont ce compte public ne peut que hâter l'heureux retour, vous donnera les moyens de remplir votre importante miffion dans toute la plénitude des loix effentielles de l'ordre focial, fous la direction de l'augufte monarque qui en fait la bafe de fon regne fortuné: fes profonds fentimens de l'ordre rendent tout ce qu'il exige poffible.

F I N.

TABLE

DES MATIERES.

PREMIERE PARTIE.

Exposition des loix naturelles de l'agriculture.

Des trois fortes d'avances néceffaires à la culture. . . . . . Page 1

De la grande culture. 6

Avances foncieres. 8

Avances primitives. 12

De la marne, fa quantité par arpent, fa qualité. 18

De la nature des terres. . . . 19

Avances annuelles. 20

Ufage ordinaire de France pour l'exploitation des grandes fermes, qui regle le paiement de l'impôt & du fermage fuivant les loix de la production annuelle. 22

Produit annuel d'une grande ferme. 27

Des mefures des terres & des grains. 29

Diftribution du produit annuel. . 32

(170)

Réflexions sur cette distribution. Page 32.
Sur les avances annuelles. . . ibid.
Sur l'intérêt des avances primitives. 34
Sur la rétribution des entrepreneurs de culture. 36
Connoissances & importance de ces grands chefs. 38
Sur le produit net ou les revenus. 40
De l'instruction publique. . . ibid.
Attribution des avances de la culture. 42
Conclusion sur les détails précédens. 50
État de culture en Allemagne. . 52
Produit général. 62
Distribution de ce produit. . . 63
Culture du trefle. 64
Culture des vignes en France. . 70
Culture des vignes en Allemagne. 79

SECONDE PARTIE.

Exposition des loix naturelles de l'ordre social. 89
Des quatre sortes d'avances qui constituent l'ordre social. . . . 91
Des trois classes sociales. . . 92
La classe productive, premiere classe sociale. . . . . ibid.
Premiere loi fondamentale de la société. 93

La claſſe propriétaire qui comprend le ſouverain, deuxieme claſſe ſociale.
Devoirs de la ſouveraineté. Page 93
De l'inſtruction publique. . . . 94
Seconde loi fondamentale ſociale. 96
La claſſe ſtérile, troiſieme claſſe ſociale. 97
Première diſtribution de la reproduction annuelle. 98
Second tableau de diſtribution, circulation complete entre les trois claſſes ſociales. 99
Ce qui compoſe l'ordre ſocial complet. 102
Intérêt général, liberté de culture & de vente. 104
De l'ordre national, ſeul moyen de connoître la puiſſance d'une nation. ibid.
Comparaiſon de l'ordre national de France & d'Allemagne. . . 105
Avantages de l'ordre national de France. 108
Ordre d'exploitation d'une grande partie de l'Allemagne. . . . 110
Ordre d'exploitation de France. 120
Opération avantageuſe de monſeigneur le margrave de Bade pour améliorer la culture dans ſes états. . 124

Différence de l'ordre national de France
& d'Allemagne. . . Page 127
Moyen infaillible de créer des reve-
nus. 130
De la vraie souveraineté. . . 132
Constitution de la Chine. . . 135

Précis des ordonnances du grand-duc
de Toscane. 144

Du Revenu public de France. 158

Fin de la Table.